谷孚2023
中国新蛋白资源分析报告

王玟琦　主编

中国农业科学技术出版社

图书在版编目（CIP）数据

谷孚 2023 中国新蛋白资源分析报告 / 王玟琦主编 . -- 北京 : 中国农业科学技术出版社，2024. 11. -- ISBN 978-7-5116-7186-8

Ⅰ．TQ93

中国国家版本馆 CIP 数据核字第 2024W90Q35 号

责任编辑	周 朋
责任校对	王 彦
责任印制	姜义伟　王思文
设　　计	June Law

出 版 者	中国农业科学技术出版社
	北京市中关村南大街 12 号　邮编：100081
电　　话	（010）82103898（编辑室）　（010）82106624（发行部）
	（010）82109709（读者服务部）
网　　址	https：// castp.caas.cn
经 销 者	各地新华书店
印 刷 者	北京建宏印刷有限公司
开　　本	210 mm×297 mm　1/16
印　　张	7.00
字　　数	190 千字
版　　次	2024 年 11 月第 1 版　2024 年 11 月第 1 次印刷
定　　价	98.00 元

◆ 版权所有·侵权必究 ◆

关于作者

主　编

王玟琦博士

谷孚商务信息咨询（上海）有限公司（简称"谷孚"）资深科技顾问，拥有逾 10 年的食品科学与营养研究经验，发表学术论文 30 余篇，深谙新蛋白科技创新与市场动态。主讲谷孚"新蛋白公开课"，主持谷孚"新蛋白研讨会"。中国农业大学学士，美国马萨诸塞大学食品科学博士。担任 20 余个 SCI 国际期刊审稿人、*Food Quality* 专栏期刊编辑。科技初创公司 Ideation Foods 创始人、CEO。曾任美国食品技术协会（IFT）营养组主席，获 Eugene M. Isenberg 学者奖、美国国家科学基金创新项目奖、美国食品科学技术协会未来领袖奖。

参　编　梁烨诗　蒋思睿　李佩莹　周　杰　刁舒漫　刘　芳　崔思圆　殷　雯　陈如芝
　　　　　戴　寅　林惠义　张　莹

顾问委员会

（排名不分先后）

樊胜根	世界经济论坛食品安全全球议程理事会主席，中国农业大学讲席教授，全球食物经济与政策研究院院长
吴清平	第十三届全国人民代表大会代表，中国工程院院士，广东省科学院微生物研究所名誉所长
王　强	国际食品科学院院士，中国粮油学会首席专家，中国农业科学院农产品加工研究所二级研究员
王晓红	农业农村部食物与营养发展研究所副所长
王玉柱	北京市农林科学院林业果树研究所二级教授，新疆农业科学院园艺作物研究所执行所长，北京果树学会理事长

关于"星"蛋白 STAR

"星"蛋白 STAR，即"星蛋白"探索计划，名字来源于英文"Search for the Alternative Resources"（寻找替代的资源）的首字母缩写"STAR"。希望可以通过这项计划，挖掘出蕴藏在众多尚未被完全开发的本土资源中极具潜力应用于新蛋白（替代蛋白）领域的优秀资源。期待这些新型的"星"蛋白资源能够成为未来蛋白产业的新"星"，熠熠生辉。

关于谷孚

自 2019 年成立之初，谷孚致力于新蛋白产业的发展与合作，通过助力科学研究、行业分析、链接国内外资源等方式，为国内院校、研究机构、企业和投资机构提供解决方案，搭建新蛋白产业生态圈。5 年来，谷孚通过植物基、细胞培养和生物发酵技术，促进了新蛋白资源的发掘和应用、规模化生产、产品研发与迭代。

序 言

传统蛋白生产方式在数量、质量和可持续供应方面，均无法满足人类未来生活需求，大规模、低成本、可持续、高质量的蛋白生产方式亟须创新和发展。针对日益增长的蛋白需求，构建可持续的高品质蛋白供给模式，必须树立"大食物观"，提高未来食物供给效率、优化食物供给结构，积极拓展食物领域，同时发展生物科技，运用合成生物学等技术手段，创制新型蛋白资源，以挖掘兼具可持续性好、功能性强、营养丰富和有益健康的新资源蛋白，提升蛋白制造与加工效率。也正因此，国际上提出"替代蛋白"的概念，我们更强调"新质蛋白"，实际上食品资源的挖掘、开发和创制已成为未来食品科技的重要内容。

传统的植物蛋白是新质蛋白最主要的组成部分。作为保障食品可持续供给的关键抓手，进一步挖掘不同植物来源的食物蛋白尤其重要。具体的主要措施包括4个方面的内容。首先，需要协同发展多元梯次利用食品新资源，进一步强化研究新资源的物质属性及其体系组成，进行营养与安全性评估。其次，应该系统分析食品新蛋白原料在加工和贮藏过程中的结构变化规律，深入研究加工条件、组分结构变化、品质功能特性三者的关联性，阐明基于不同食品新蛋白原料物质特性的加工适应性机理。再次，可以着力突破联提联产、高效绿色提取、梯次分离、纯化修饰等深加工技术，实现食品蛋白制造全过程资源的高值转化。最后，加强整合食品色、香、味及营养配伍技术，突破不同植物来源食品新蛋白的质构拟真与营养风味强化技术。

微生物发酵生产蛋白是新质蛋白最具有发展前景的领域。微生物蛋白生产有三大关键：一是优良菌种选育，需选育得到能够利用廉价原料、生长速度快、蛋白含量高、适宜食品化加工、安全性好等特点的菌株；二是基于对碳氮协同代谢机理、蛋白合成途径调控、细胞工厂性能改进等研究，从而实现对微生物发酵生产蛋白过程进行优化和控制，实现微生物能够积累最大蛋白（产量）、原料最多被微生物转化为蛋白（转化率）和微生物最快速度发酵生产蛋白（生产强度）；三是要对微生物蛋白规模化制造和食品化加工进行深入研究，包括探究大规模发酵技术、高效分离且不影响蛋白性质（消化营养）技术，以及适用于多种应用场景的食品加工技术。只有这样，微生物蛋白产业才能蓬勃发展并不断壮大。

希望本报告可为学术界实施创新蛋白核心技术突破提供借鉴，为产业界实现创新蛋白做大做强提供参考，为政府在创新蛋白领域进行前瞻性、战略性、方向性的布局决策提供服务。

陈坚

江南大学教授

2024年11月

前言

中国疆域辽阔、纬度跨度广、地形复杂多样，塑造了各地独具特色的气候环境，自北而南有寒温带、中温带、暖温带、亚热带、热带等温度带，以及特殊的青藏高寒区。这样的气候条件为中国的农业生态和生物多样性带来了独特的优势，世界上众多的农作物和其他动植物都能在这里找到合适的生长条件；因此，中国的农作物和其他动植物资源都极为丰富。

丰富的资源也孕育了我们丰富多彩的饮食文化和独特的药膳传统。我们的日常饮食中，无论是用稻米、玉米、小麦、大麦等多种禾谷类作物制作的主食，还是用豆类如大豆、蚕豆、豌豆，或是薯类如甘薯、马铃薯、山药、芋头等制成的美味佳肴，都体现了这一点。此外，中国还有350多种食用菌，其中50种已经进入了商业市场。《本草纲目》中记载的1 892种中草药里，就有300余种可以作为我们的日常食材。

在丰富的农业资源和深厚的饮食文化底蕴之下，我国依然面临着由庞大人口基数所带来的食物供应挑战，也因此，保障国家粮食安全始终被纳入国家政策的重要议程。自2015年我国首次倡导建立"大食物观"起，这一观念在近年来不断得到深化和具体化。如今，通过拓展生物资源和多元化蛋白来源来应对粮食安全和蛋白供应需求，已成为社会共识。

当前，寻找新型蛋白之路还处于起步阶段，科研、投资及商业化领域均蕴含着巨大潜力。在"大食物观"的指引下，更多优质的蛋白资源尚待发掘。若能借助我国生物制造等技术手段和放大生产的实力优势，把其应用于食品创新当中，便能为消费者提供更多安全、健康的优质蛋白选择。同时，通过重新发掘本土农业资源的价值，亦能促进农产品加工业转型升级，助力农业现代化建设。因此，谷孚对于本土新蛋白资源的研究应运而生。

本书聚焦本土产量排名靠前的近百种蛋白资源，对其产业现状及物种特性进行了深入分析，从中筛选出了具有利用潜力的农作物副产物和微生物资源，也罗列了其在新蛋白应用方面的优势和挑战。在调研过程中，我们团队无不为我国农业资源丰富、微生物种类繁多而惊叹不已，但基于研究范围所限，不能一一尽列。我们此次挑选的最具备综合利用可行性的物种能够为新蛋白拓展之路提供翔实有效的参考，也呼吁科研机构和相关企业在未来进行进一步研究，从而使其价值能被充分实现在食品应用中。

在浩瀚的资源中，寻找那些最具潜力的"新"蛋白资源，犹如探寻星辰般充满挑战，因此我们将此研究项目命名为"星"蛋白探索计划。我们深切期望"星"蛋白能够获得科研界、商业界及监管部门更广泛的支持与助力。谷孚将继续发挥行业桥梁的作用，以科学、严谨的态度支持行业科研的发展。

最后，我们期待与众多合作伙伴携手共进，让更多的本土资源大放光芒。

李佩莹
谷孚首席执行官
2024年3月

缩略语

缩略语	英文全称	中文全称
C∶N	carbon-to-nitrogen ratio	碳氮比，是指有机物中碳的总含量与氮的总含量的比值
CFSA	China National Center for Food Safety Risk Assessment	国家食品安全风险评估中心
CO_2	carbon dioxide	二氧化碳
COD	chemical oxygen demand	化学需氧量
Cys	cystine	半胱氨酸
DW	dry weight	干重
DIAAS	digestible indispensable amino acid score	可消化必需氨基酸评分
DHA	docosahexaenoic acid	二十二碳六烯酸
FAO	Food and Agriculture Organization of the United Nations	联合国粮食及农业组织
FIP	fungal immunomodulatory proteins	真菌免疫调节蛋白
GRAS	generally recognized as safe	普遍认可为安全
His	histidine	组氨酸
Ile	isoleucine	异亮氨酸
Lys	lysine	赖氨酸
Leu	leucine	亮氨酸
MMT	million metric tons	百万吨（1 MMT=100 万吨）
Met	methionine	甲硫氨酸
MARA	Ministry of Agriculture and Rural Affairs	中华人民共和国农业农村部
NHC	National Health Commission of the PRC	中华人民共和国国家卫生健康委员会
PDCAAS	protein digestibility corrected amino acid score	蛋白质消化率校正氨基酸评分
Phe	phenylalanine	苯丙氨酸
SCP	single cell protein	单细胞蛋白
SDW	sugar cane distillery wastewater	甘蔗酒厂废水
SSF	solid state fermentation	固态发酵
SmF	submerged fermentation	液态发酵
TVP	textured vegetable protein	植物组织化（质构化）蛋白
Thr	threonine	苏氨酸
Trp	tryptophan	色氨酸
Tyr	tyrosine	酪氨酸
USDA	United States Department of Agriculture	美国农业部
USD	United States Dollar	美元
Val	valine	缬氨酸
WHO	World Health Organization	世界卫生组织

目 录

综 述 ··· 1
- 研究范围与目标 ··· 2
- 亮点发现 ··· 3
- 风险挑战 ··· 4
- 重点建议 ··· 4
- 研究动机 ··· 5

研究背景 ··· 6
- 新蛋白来源 ··· 7
  - 植物蛋白来源 ··· 7
  - 微生物蛋白来源 ··· 9
- 中国植物基肉制品产业现状 ··· 9
  - 产品分类与定义 ··· 9
  - 原料选择 ·· 10
  - 植物肉加工 ·· 12
  - 中国植物肉产业链 ··· 14

研究方法 ·· 15
- 概览 ·· 16
- 农作物分析的标准 ··· 17
  - 筛选 ··· 17
  - 综合利用可行性 ··· 17
- 微生物分析的标准 ··· 19
  - 筛选 ··· 19
  - 综合利用可行性 ··· 19
- 蛋白质特性 ··· 20
- 数据来源 ·· 20

研究结果　第Ⅰ类：农作物 ·· 21
- 概览 ·· 22
- 推荐名单选析 ··· 23
  - 油茶籽 ··· 23
  - 甘薯 ··· 25
  - 谷子 ··· 27
  - 茶叶 ··· 29
  - 核桃 ··· 31
- 农作物部分总结与讨论 ·· 33

研究结果　第Ⅱ类：微生物 ·· 36
- 概览 ·· 37

i

分类选析	…	38
霉菌	…	38
食用菌	…	42
酵母	…	54
微藻	…	56
微生物部分总结与讨论	…	59

专栏：新食品原料监管 … 62
- 有关部门与流程 … 63
- 可用于食品中的新原料 … 64
- 案例分析 … 64
  - 酿酒酵母与酿酒酵母蛋白 … 64
  - 菌丝体与菌丝体蛋白 … 65
  - 亚麻（胡麻）籽 … 66

局限性与建议 … 67
- 需要相关政策与法规支持 … 69
- 大力发展菌丝体 … 69
  - 培养基投料优化 … 70
  - 从传统食物中分离培养菌株 … 70
  - 利用纤维状质地 … 70
  - 扩大化和自动化生产 … 71
- 复合发酵 … 71
- 蛋白特性评估和优化 … 72
  - 营养特性评估 … 72
  - 物化特性评估 … 73
  - 感官特性评估 … 73
  - 蛋白分离提取 … 73
- 菌株培育和生物过程优化 … 74
  - 菌株培育 … 74
  - 生物过程优化 … 74

未来展望 … 76

参考文献 … 78

附　录 … 86
- 附录1　农作物名单 … 87
- 附录2　微生物名单 … 89
- 附录3　几种单细胞蛋白特性深入比较 … 91
- 附录4　附加参考文献 … 92

致谢 … 96

免责声明 … 97

图表目录

图 1	可作为优质蛋白来源的中国本土特色农作物	3
图 2	可作为新型食用蛋白来源的微生物	3
图 3	2020 年销售额排名前 25 的植物肉产品的蛋白质配方	8
图 4	国内植物基品牌植物蛋白原料	11
图 5	利用不同植物组织化蛋白生产整块肉、重组肉和松散结构肉的流程	13
图 6	中国植物肉产业链的构成	14
图 7	筛选农作物综合利用可行性分析	17
图 8	筛选微生物综合利用可行性分析	19
图 9	综合利用可行性分析数据来源举例	20
图 10	油茶	23
图 11	油茶籽产业链	23
图 12	甘薯	25
图 13	甘薯产业链	25
图 14	谷子	27
图 15	谷子产业链	27
图 16	茶叶	29
图 17	茶叶产业链	30
图 18	核桃	31
图 19	核桃产业链	32
图 20	大宗农产品的副产品和废弃物中的蛋白质含量（干重）	33
图 21	青稞	34
图 22	文冠果	34
图 23	油莎豆	34
图 24	青稞	35
图 25	天贝	39
图 26	SCP（包括霉菌菌丝体）的通用发酵过程	39
图 27	生产者利用微生物酿造食物	40
图 28	食用菌	42
图 29	食用菌的典型种植过程	46
图 30	常见有毒蘑菇产生的毒素的化学结构	48
图 31	与 0~10% 螺旋藻混合的酸面团的外观	58
图 32	我国新食品原料、食品添加剂新品种和转基因食品的简要审批流程	63
图 33	国家卫生健康委员会对威尼斯镰刀菌 TB01 菌株发酵菌丝体蛋白与杏鲍菇菌丝体"不予行政许可"的批复	66
图 34	新食品原料名录中的茶藨子叶状层菌在国家卫生健康委员会官网公告截图	66
图 35	利用农作物副产品及废弃物生产蛋白质的研究空白	68
图 36	利用微生物生产蛋白质的研究空白	69

图 37　利用鱼类加工副产品生产富含蛋白质的生物质 ··· 70
图 38　一种发酵甘薯渣与黑曲霉共发酵的潜在解决方案 ··· 72

表 1　研究的主要步骤 ··· 16
表 2　农作物综合利用可行性的评分标准 ·· 18
表 3　17 种候选农作物综合利用可行性评分结果 ·· 22
表 4　部分农作物中未被充分利用的蛋白质量与价格参考 ·· 35
表 5　不同类别单细胞蛋白来源比较概览 ·· 38
表 6　常见食用菌的特性 ·· 42
表 7　常见的商业化微藻品种及其主要应用 ·· 57
表 8　微生物蛋白质资源的优势和挑战 ··· 59

综 述

* 研究范围与目标
* 亮点发现
* 风险挑战
* 重点建议
* 研究动机

本报告指出了中国农作物生产中具备相对成熟的产业链却被低估的丰富蛋白质资源，尤其提出了农副产品和废弃物中蛋白质高效循环利用的途径及方案，并对最有前景的微生物蛋白质来源进行了全面分析。在分析中，不仅评估了蛋白的特性，同时也讨论了蛋白的可获得性、中国的竞争优势和相关法规等因素。

基于报告内容，相关机构可以合作发展新型原料，进而将其纳入供应链中。原料商可以深入研究新型原料替代当前选择有限的大豆和豌豆蛋白成分的可行性；研究机构可以探索新型原料的食品加工和感官特性；投资者可以利用本报告提供的见解评估新蛋白产业的机遇与风险。此外，政府部门可以通过参考本报告内容，推动新型蛋白生产，将食品副产品升级为更广泛的新蛋白产品，从而利用具有中国竞争优势的、可获得的本土资源推动循环生物经济和绿色低碳发展。

研究范围与目标

本报告从**综合利用可行性**及**蛋白质特性**两大方面评估了近百种中国本土蛋白资源。虽然蛋白资源在饲料、养殖、发酵、燃料、污水处理等领域都有极高的应用价值，但是本报告主要从其在食品加工，尤其是从在**新蛋白*产品**中应用的角度总结了珍贵的产业和科研信息，提出了产业发展的可行性建议，并推荐了未来研究方向。关于农作物，本报告列举了几种大有潜力的物种，尤其是副产品和废弃物中蛋白可回收利用度高的物种，并阐述了目前的产业链和与食品加工相关的科研情况。关于微生物，由于其应用于食品的蛋白生产较少，报告主要集中在对菌种特性的总结分析，并指明了目前的研究空白。<u>**值得注意的是，在中国这些新型蛋白资源有许多尚需经过法规审批才能应用在食品中。**</u>

希望本报告能够推动本地资源的利用，促进食品原料特性方面的研究和创新，提高新蛋白产品的风味和营养，以达到保障粮食安全、减少资源消耗、降低环境污染、提升国民营养健康、促进循环经济发展的目的。

*新蛋白（alternative protein），指通过推动技术变革和原料创新所研发、生产和供应的，足以对标传统畜牧业产出的动物蛋白产品的，乃至比其更安全、美味、平价、健康、高效、持续的新产品。其中，谷孚重点关注的3条新蛋白技术路径分别是**植物蛋白加工、动物细胞培养和微生物发酵技术**，运用这3类技术生产加工的蛋白质及其他功能成分，将帮助我国解决蛋白供给、食品安全和营养健康等重大问题。

亮点发现

中国本土的特色农作物，尤其是它们的副产品和加工废弃物中蕴藏着的丰富的优质蛋白质值得被深度挖掘和开发利用。在众多农作物品种中，推荐有关机构开发油茶籽、葵花籽、棉花籽、板栗、核桃、甜菜、甘薯、谷子、糜子、青稞、茶叶、烟草等物种中的优质蛋白（图1）。

图1 可作为优质蛋白来源的中国本土特色农作物

除了农作物，微生物（包括食用菌、霉菌、酵母、微藻等）也是重要的新型食用蛋白来源（图2）。大部分微生物的蛋白含量高于农作物，并能够高效合成蛋白质。此外，比起农作物，微生物有生长速度快、所需土地面积小、受气候条件影响小等优势，能够实现在受控环境中进行短期大规模生产。

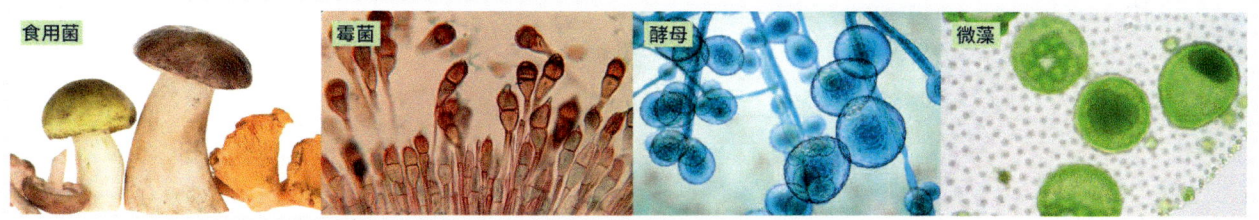

图2 可作为新型食用蛋白来源的微生物

中国的食用菌资源丰富多样且产量高，有很大利用潜力。但是，目前大多数食用菌培育尚未完全工业化。此外，与其他单细胞蛋白来源相比，食用菌子实体的生长速度较慢。

食用菌的菌丝体，包括食用菌和霉菌的菌丝体，可以利用具较强经济性的碳源和氮源（如农业副产品和工业废弃物等），而不会直接与农林资源中的食物竞争营养、土地、水等资源。菌丝蛋白组成与子实体类似，风味物质略少于子实体，但培养周期较子实体大大缩短，目前很少在食品中应用，有极大的开发潜能。

叶蛋白，如茶叶、甜菜等作物茎叶中的蛋白含量很高，与大豆粕相当，但是在加工中往往被废弃。这不仅浪费了蛋白资源，还造成了环境污染，而它们应被考虑充分回收利用。

综述

风险挑战

总的来说，新型农作物和微生物蛋白在中国的商业化和生产仍处于早期阶段。首先，新型蛋白生产原料通常是其他产品的副产品，蛋白质提取和分离的产业链尚未充分发展。从这些新型农作物或微生物中提取蛋白作为新食品原料，将面临着审批方面的挑战。其次，有关物种蛋白的感官、技术功能特性及营养特性的研究数据有限，尚无法判断是否宜用于食品加工；一些物种（如棉花籽、烟草和真菌等）更缺乏用于食品的安全性和过敏原评估。再次，为了其他目的（如生产疫苗、酶制剂、维生素等）优化的微生物菌种选育、栽培和发酵条件不是生产蛋白的最优组合，因此限制了蛋白质生产的效率。最后，由于蛋白质提取和分离的产业链不完善，新型农作物和微生物蛋白的价格预测比较困难。

重点建议

政策与法规支持

建议加强各方沟通，集中行业诉求，鼓励行业制定团体标准，借鉴海外发展现状，为政府和相关监管机构制定新型蛋白原料相应政策及监管审批提供具备参考性的科学评估意见，加速合理的新型蛋白原料的审批速度。

发展菌丝体蛋白

考虑到中国较高的食用菌生产能力和较为完善的产业链，以及菌丝体天然的类似肉类的质构特性，建议增强对食用菌、霉菌菌丝体蛋白的大规模生产的探索。

农副产品或废弃物与微生物复合发酵

采用多种高蛋白菌株与农业副产品或废弃物复合发酵的方法，在提升农作物副产品价值的同时培养高质量的微生物蛋白；利用微生物中的酶对农作物中的蛋白进行天然温和的提取，实现资源的高效利用，促进绿色低碳发展。

优质菌种选育

积极发掘传统发酵食品中的蛋白含量高、口感良好又安全的微生物菌株。

避免分离提取和过度加工

蛋白生物质应朝着免提取、非挤压质构化方向发展，这样既可减少非必要的新原料审批环节，又可减少加工步骤，避免引入有害物质，节约能源、节省成本。

优化微生物发酵过程

优化微生物的栽培和发酵条件。目前，微生物的应用可能针对蛋白生物质生产以外的其他目标，因此有必要重新优化发酵过程，重点考虑微生物生长速率、生物转化率和蛋白生产效率等因素，以实现高效生产优质蛋白。

蛋白特性分析及产品研发

加强对新资源蛋白特性的分析和优化，评估加工、营养、感官和安全特性，统一标准，与国际接轨；同时，积极探索产品研发适用性，使原料开发与产品开发相辅相成。

# 研究动机

联合国的报告表明，2050 年世界人口将升至 97 亿。为了满足全球人口不断增长的需求，肉类产量预计需要增加近 1 倍。但世界目前的肉类生产方式无法在实现全球气候、健康、粮食安全和生物多样性目标的同时满足这一需求。如果保持目前的蛋白质生产方式不变，那时世界上的蛋白质就不够食用[1]，人类将会面临"蛋白危机"。蛋白质的短缺不仅不能满足人类食用肉类产品的口腹之欲，还会有人因为缺乏蛋白质而患上身体消瘦、肌肉无力或萎缩、免疫力下降等营养缺乏症。因此，寻找新的蛋白来源刻不容缓。

因此，"新蛋白"应运而生。新蛋白是指通过推动技术变革和原料创新所研发、生产和供应的，足以对标传统畜牧业产出的动物蛋白产品的，乃至比其更安全、美味、平价、健康、高效、持续的新产品。在气候方面，新蛋白和新能源一样，对于缓解气候变化有重要作用[2]。同时，新蛋白是保障中国粮食安全的有效途径。《"十四五"生物经济发展规划》明确表示，中国将通过发展合成生物学技术，探索研发以"人造蛋白"等新型食品为方向，来降低传统养殖业带来的环境资源压力。

植物基蛋白作为目前已经市场化程度最高的门类，是新蛋白产品中的前驱者。植物基食品（包括藻类和真菌类）产业的开发，是我国实现资源高效利用和绿色低碳发展的重要途径，能够保障粮食安全，增强水资源、土地资源等高效利用，减少温室气体排放等。同时，植物基食品有助于优化居民膳食结构和提升营养水平。由于新蛋白的立足点源于可持续性，其产品的食品特征尚未完全满足消费者的需求，需要进一步提高，才能实现蛋白优质、营养丰富、质构拟真、风味优良、色泽相似。

然而，目前市场上的植物基食品种类单一，大多数严重依赖大豆加工，这不仅导致营养不均衡，而且由于原料单一，大豆价格浮动会造成产业链稳定性小。因此，应充分利用中国本地物种生物多样性的优势，深度挖掘本地农作物和微生物物种资源。本报告重点关注一些尚未充分利用于新蛋白生产的中国本地农作物及微生物，尤其是可将副产品转化为适用于新型农业经济成分的物种，以推进物料循环使用、副产品互换的循环经济发展模式。

本报告通过综合利用可行性及蛋白质特性两大方面的评估，总结了珍贵的产业和科研信息，提出了产业发展的可行性建议并指明了研究空白。关于农作物，本报告列举了几种有很大潜力的品种，阐述了目前产业链和与食品加工相关的科研情况。关于微生物，由于其应用于食品蛋白生产较少，报告内容主要集中在对菌种特性的总结分析，并指明了目前的研究空白。

希望本报告能够推动本地资源的利用，促进食品原料特性方面的研究和创新，提高新蛋白产品的蛋白质性能和终产品质量，以达到保障粮食安全、减少资源消耗、降低环境污染、促进循环经济发展的目的。

研究背景

* **新蛋白来源**
  * 植物蛋白来源
  * 微生物蛋白来源

* **中国植物基肉制品产业现状**
  * 产品分类与定义
  * 原料选择
  * 植物肉加工
  * 中国植物肉产业链

新蛋白来源

食物是人类赖以生存的基本供给，包含能提供人类正常生理活动所需的所有营养素。目前，世界公认的七大营养素包括水、蛋白质、糖类、脂肪、维生素、矿物质和膳食纤维。而蛋白质作为人类生命活动不可或缺的宏量营养素之一，除了提供机体部分能量外，还具有构成和修补人体组织、合成生理物质、调节体液和维持酸碱平衡、增强免疫力等重要生理功能[3]。进入农耕社会以来，食物的产量已经能够满足大部分人类的能量和营养需求。食物中常见的蛋白质来源主要包括肉、蛋、奶、水产、谷物等[4]。目前，世界大部分地区人类的饮食结构中，蛋白来源是动物或动物制品，而新蛋白来源包括植物基蛋白、细胞培养肉、微生物发酵生产的蛋白、昆虫蛋白等。其中，以植物为来源的蛋白质由于其食用历史悠久、加工工艺完善、法律法规健全等优点，是目前市场上最常见的肉、蛋、奶替代品的原料。本报告就以中国产业链中较易获得的**植物蛋白**和**微生物蛋白**作为重点分析对象。

植物蛋白来源

全世界蛋白质产量的 80% 为植物蛋白质。在植物蛋白质中，稻米、小麦等谷物蛋白质约占 56%，大豆、花生等油料植物蛋白质约占 16%[5]。植物蛋白来源主要可以分为谷类（如稻米、玉米、小麦、大麦、燕麦等）、豆类（如大豆、扁豆、豌豆等）、油籽（如葵花籽、棉花籽、花生、芝麻等）、绿叶蛋白（如苜蓿、浮萍、藻类等）、坚果（如核桃、杏仁、开心果等）、准谷物（如奇亚籽、藜麦等）和其他（如马铃薯等）。其中大豆蛋白、豌豆蛋白、花生蛋白、小麦蛋白等已经被广泛运用于植物肉生产[6-8]。

必需氨基酸

在组成人体蛋白质的 20 多种氨基酸中，9 种氨基酸为必需氨基酸，即人体自身不能合成或者合成速度不足以满足机体需要，因而必须从食物中获得的氨基酸。这 9 种必需氨基酸包括组氨酸、赖氨酸、亮氨酸、异亮氨酸、甲硫氨酸、苯丙氨酸、苏氨酸、色氨酸、缬氨酸[9]。膳食蛋白质中必需氨基酸的组成模式越接近人体蛋白质组成，在经人体消化吸收后，就越容易被机体利用，其营养价值就越高。而当必需氨基酸供给不平衡时，蛋白质的合成将受影响。

不同食物中组成蛋白质的氨基酸数量和种类各不相同，增加蛋白质来源的多样性能够使不同食物蛋白质之间相对不足的氨基酸相互补偿，使其比值接近人体需要的模式从而提高蛋白质的营养价值[3]。通常来说，动物蛋白的氨基酸比较符合人体需要，必需氨基酸组成完整、配比合理。植物中往往缺乏某些必需氨基酸，或者比例不符合人体需要。例如，大豆蛋白含有丰富的赖氨酸但缺乏含硫氨基酸，而谷物蛋白赖氨酸含量低，当两者结合时便可以产生蛋白质互补的作用[4]。全球新蛋白产业智库 The Good

Food Institute（GFI）在报告中表明混合两种或多种不同的植物蛋白有助于实现特定的产品开发目标。例如，豌豆和马铃薯蛋白的组合具有良好的乳化和热凝胶特性；鹰嘴豆和大米蛋白的组合作为一种豆类蛋白和谷物蛋白的组合，有利于提高蛋白质消化率；大豆蛋白和小麦蛋白同时用于高水分挤压可以更好地模拟肉的质地。

蛋白质质量

蛋白质质量是评价蛋白质中必需氨基酸含量的指标。常见的蛋白质质量评价方法，如化学评分（chemical score，CS）、氨基酸评分（amino acid score，AAS）、必需氨基酸指数（essential amino acid index，EAAI）、氨基酸比值系数（ratio coefficient，RC）等，均未考虑蛋白质的消化利用率。为解决这一问题，FAO 和 WHO 在氨基酸评分的基础上综合考虑了蛋白质消化率并提出了采用蛋白质的粪便消化率系数的 PDCAAS。但该方法使测定结果不准确，因为蛋白质在人体的吸收主要在回肠，于是在 2013 年决定使用加入回肠消化率系数的 DIAAS 替代 PDCAAS。我国专家学者在分析植物和微生物蛋白时，大多仍采用化学评分或氨基酸评分，并直接与鸡蛋蛋白、酪蛋白等被认为氨基酸组成最接近人体需要的标准蛋白（"全鸡蛋模式"）相比较来反映蛋白质中必需氨基酸组成和含量与人体需要的比例之间的关系。

据调查，2020 年销售额（USD）排名前 25 的植物肉产品中有 14 个产品使用了大豆蛋白和小麦蛋白的组合（图 3）。因此，以植物蛋白为主的饮食应该注重以多样化的蛋白来源组合来改善植物肉的营养。

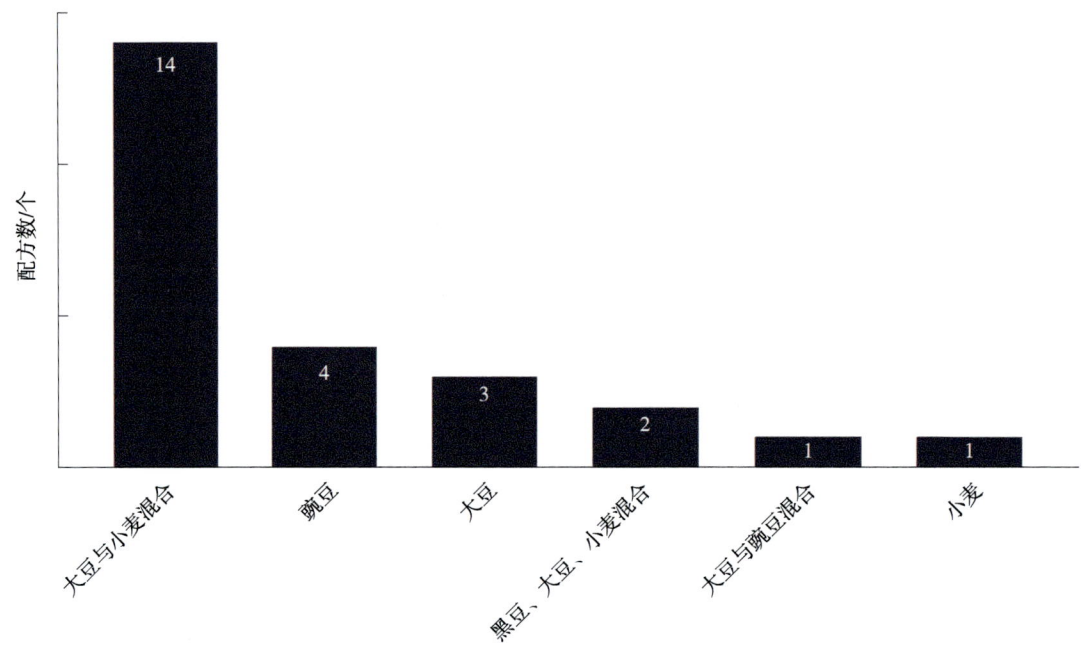

图 3　2020 年销售额排名前 25 的植物肉产品的蛋白质配方[10]

微生物蛋白来源

微生物的制造有着悠久的历史，酿酒、面包、酱油、醋、豆制品、乳制品等发酵过程中都应用了微生物。自发酵工程技术发展以来，微生物还被用作细胞工厂，生产许多附加值高的小分子产品，如酶、多肽、维生素等。除了应用在食品中以外，还应用在医药、化工、环保等多个领域。原料经过微生物的发酵，可以提高风味，增强营养。新蛋白领域里应用的发酵方式主要包括**传统发酵**、**精密发酵**和**生物质发酵** 3 种[11]。本报告中主要讨论生物质发酵，即用微生物生物质作为蛋白来源的生产方式。生物质发酵中用到比较多的几种微生物是细菌、酵母、丝状真菌和藻类。微生物有高效、营养、可持续三大优势，与农作物相比，生长速度更快，受气候条件影响较小，需要的土地更少，并且可以在受控环境中进行短期大规模生产。微生物能够高效合成蛋白质，蛋白含量也显著更高。微生物可以利用廉价的碳和氮源，包括农业副产品和工业废弃物等可再生饲料来源，而不会直接与农业和林业资源竞争。

中国植物基肉制品产业现状

虽然本报告中分析了**植物蛋白**和**微生物蛋白**两类，但由于微生物蛋白生产产业链不成熟，因此暂不作具体介绍。此外，新蛋白产业中包括肉蛋奶等多种产品，但本报告主要关注**植物基肉制品**的生产。

产品分类与定义

  植物基食品

中国目前比较有影响力的植物基食品定义是根据中国食品科学技术学会植物基食品分会 2020 年发布的**《植物基肉制品》团体标准**和 2022 年发布的**《植物基食品的科学共识（2022 年版）》**而来的：植物基食品（plant-based foods）是指以植物原料（包括藻类和真菌类）或其制品为蛋白质、脂肪等来源，添加或不添加其他配料，经一定加工工艺制成的，具有类似某种动物来源食品的质构、风味、形态等品质特征的食品。与我国食品工业行业管理分类相对应，可将植物基食品分为植物基肉制品、植物基乳制品、植物基蛋制品、植物基冷冻饮品及制作料、其他植物基食品[12]。

随着全球植物肉产业的兴起，中国的新蛋白产业在 2019 年崭露头角。虽然谷孚与许多学者、企业与业内相关人士认为新蛋白产品包括**植物基蛋白**、**动物细胞培养蛋白**和**微生物发酵生产的蛋白**三大类，

但是目前产业链发展较为领先的是植物基蛋白，微生物发酵生产的蛋白其次，而动物细胞培养生产的蛋白尚在研发阶段。但即使是领先的植物肉产业，其发展历程也不到 5 年时间，仍在初期阶段，尚未有国家标准。

中国自古以来就有食用素食的传统文化及环境，然而，**素肉并非植物肉**（即植物基肉制品）。虽然两者都模拟动物来源肉的特征，但植物肉力求使消费者难以察觉其与动物来源肉类的区别。由中国食品科学技术学会发布的 **T/CIFST 001—2020《植物基肉制品》团体标准**中规定，植物肉是指"以植物原料（如豆类、谷物类等，也包括藻类及真菌类等）或其加工品作为蛋白质、脂肪的来源，添加或不添加其他辅料、食品添加剂（含营养强化剂），经加工制成的具有类似畜、禽、水产等动物肉制品质构、风味、形态等特征的食品"[13]。但此标准对于植物肉和传统素肉的差别并未有明确划分。GFI 近期发布的报告[14] 中统计了全球植物肉的产量，中国传统素肉的产量并未计算在植物肉的产量统计数据中。由于素肉等豆制品一定程度上是中国特色的食品，其加工工艺和植物肉具有相似之处，但又有所区别，因此，其产能是否应当被计入植物肉的产能之中尚存在争议。由此可见，缺乏完善的标准和法规是植物肉目前面临的一大挑战。

此外，根据中国食品科学技术协会的团体标准定义，植物基肉制品也包括藻类和真菌类等微生物原料生产的产品。换言之，植物基肉制品包括新蛋白产品中的两类：植物蛋白和微生物蛋白。这样的定义虽然在现阶段可以概括大部分上市产品，但是在产业发展趋于成熟的将来可能会造成混淆，因此，建议未来制定标准时将植物蛋白和微生物蛋白来源产品分成两类，并加入细胞培养生产蛋白的产品类型。一些专家学者认为，新蛋白产品是否需要模拟肉类的特征仍有待斟酌，或许可以发展成独立于对肉类固有认知的新型产品。

原料选择

国际上，由于各个国家气候环境及饮食习惯的差异性，用于做植物肉的蛋白质原料也很多样化。地中海一带素有食用鹰嘴豆的习惯，以色列初创公司 Meat. The End（MTE）推出了一款以鹰嘴豆蛋白为主要原料的植物基汉堡[15]。印度是波罗蜜的主要生产国之一，被认为是波罗蜜的故乡[16]，印度初创公司 Wakao Foods 推出由波罗蜜和豌豆蛋白制成的汉堡肉饼[17]，充分发挥了印度波罗蜜产量高、供应充足的优势。澳大利亚是世界上最大的羽扇豆生产国[18]，羽扇豆蛋白质含量达到 36%，是良好的植物性蛋白质来源，但到 2020 年，只有 4% 的羽扇豆被人类食用[19]，直到在科廷大学进行广泛的研究计划后，澳大利亚再生食品和农业公司 Wide Open Agriculture（WOA）才成功地使用其改良的羽扇豆浓缩物（MLP）开发了多种植物基产品[20]。

中国市场中的植物基肉制品的原料以大豆蛋白和豌豆蛋白为主，如图 4 所示，一些公司也采用了花生蛋白、大米蛋白、绿豆蛋白、小麦蛋白、火麻仁蛋白等原料作为蛋白配方尝试。

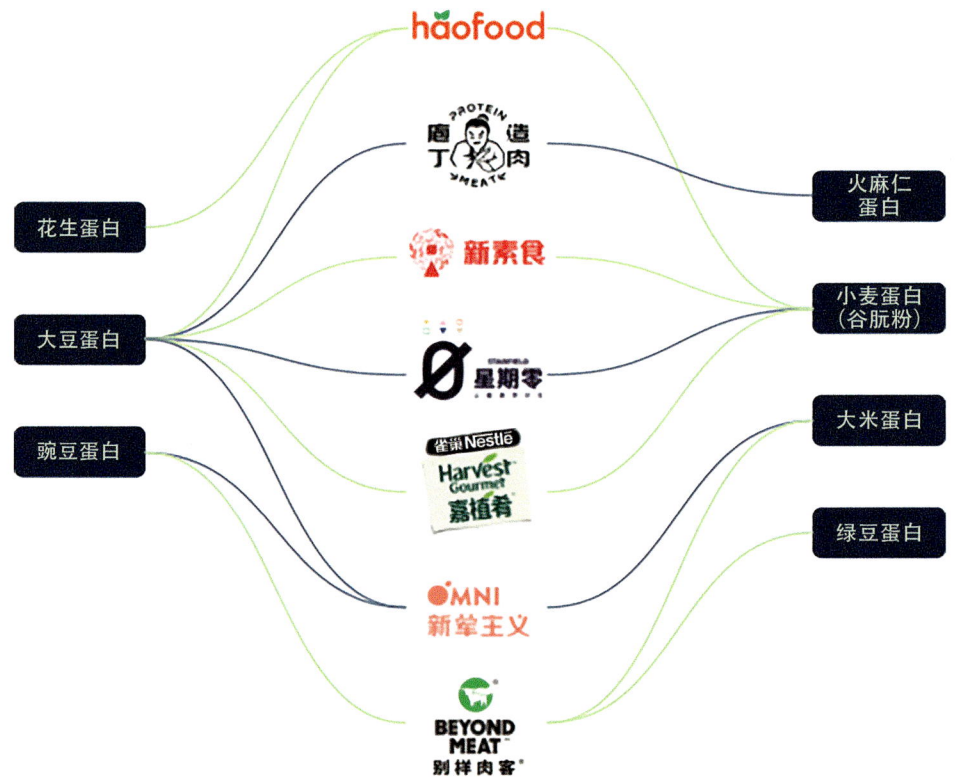

图 4　国内植物基品牌植物蛋白原料

目前，中国的植物肉生产以大豆为主要原料之一，大豆的供给在植物基肉制品的产业链中至关重要。中国的大豆蛋白主要依靠本土的非转基因大豆生产。自 2019 年中央一号文件提出大豆振兴计划以来，大豆不断增产扩种。《"十四五"全国种植业发展规划》指出，到 2025 年力争大豆播种面积达 1.6 亿亩左右，产量达 2 300 万吨左右，不仅能够满足目前的 1 500 万吨消耗量，同时余出了 800 万吨。由于本土非转基因大豆平均价格比芝加哥期货大豆价格高出 30% 左右，如果作为饲料使用，比起进口大豆没有价格优势，因此造成了国内卖豆难的问题。

其实，本土非转基因大豆有蛋白含量高的优势，非常适合在植物肉中使用。同时，大豆蛋白如果通过饲料饲养动物再供人类食用，不如人类直接食用蛋白转化效率高，而且直接使用可以节省能源和土地资源。因此，应大力开展植物肉生产，以解决当前卖豆难问题。

除了大豆，我国其他植物油料来源也十分广泛，如油菜、花生、向日葵、芝麻、胡麻等草本油料作物，以及油茶籽、核桃、油橄榄等木本油料等。这些油料作物除提供油脂外，还有开发蛋白质应用的潜力。然而，我国目前油料消费巨大，自给率低，在气候、国际经济贸易、疫情、战争等因素影响下，易受国际市场影响，价格浮动较大。此外，与大豆生产相似，国内油料作物的价格比进口作物高，抵御进口冲击能力较弱。因此，应扩大本土作物生产，以保障粮食安全和蛋白供给。

此外，以发酵的方式生产微生物蛋白是另一种拓展生物资源的蛋白生产方法，可以在"传统农作物和畜禽资源"之外开辟新的热量和蛋白来源，有广阔的发展机遇。农业农村部公布的《"十四五"全国农业农村科技发展规划》及国家发展改革委公布的《"十四五"生物经济发展规划》中已明确表示中国将通过发展未来食品制造和发展合成生物技术，探索研发"人造蛋白"等新型食品方向，来降低传统养殖业带来的环境资源压力。

中国依靠自己的力量解决了 14 亿多人口的吃饭问题，为维护世界粮食安全作出了重大贡献，也为世界各国解决粮食问题提供了借鉴和启迪。但 2023 年中国仍需进口粮食 1.62 亿吨（其中大部分用于油料和饲料）。中国为保障粮食安全所采取的应对措施，一方面，立足国内、确保产能、适度进口、科技支撑，确保谷物基本自给、口粮绝对安全，把保障粮食等重要农产品有效供给作为农业现代化的首要任务。通过落实最严格的耕地保护制度，牢牢守住 18 亿亩耕地红线；坚持农业科技自立自强，加快关键核心技术攻关、成果转化和推广应用，既要用物联网、大数据等现代信息技术发展智慧农业，也要加快补上烘干仓储、冷链保鲜、农业机械等现代农业物质装备短板；加强动植物防疫检疫体系、防灾减灾体系等建设。另一方面，树立大食物观，这是新时代优化配置农业资源、统筹利用国土资源，保障食物有效供给的战略需求。从更好满足人民美好生活需要出发，在确保粮食供给的同时，保障肉类、蔬菜、水果、水产品等各类食物有效供给；构建多元化食物供给体系，从传统农作物和畜禽资源向更丰富的生物资源拓展，向森林、草原、江河湖海要食物，向植物动物微生物要热量、要蛋白；在保护生态环境的前提下，从耕地资源向整个国土资源拓展。

此外，中国致力于加强国际粮食安全合作，以构建全球发展命运共同体。"从传统农作物和畜禽资源向更丰富的生物资源拓展"和"加强国际粮食安全合作"等国家发展方向都为在中国推广新蛋白提供良好契机。新型蛋白技术也在发掘新兴产业的潜力上发挥了重要作用。通过推动技术发展变革和原料创新，新蛋白有望实现规模化生产，为现代化农业发展和乡村振兴提供新的解决方案，更为助力构建多元食物供给体系赋能。

植物肉加工

中国具有悠久的豆制品食用历史，豆腐的起源最早可追溯到汉代。明代李时珍在《本草纲目》中首次较为完整地记载了传统豆腐的生产过程。《本草纲目》谷部卷[21]中记载着："凡黑豆、黄豆及白豆、泥豆、豌豆、绿豆之类，皆可为之。造法：水浸硙碎，滤去渣，煎成，以盐卤汁或山叶（山矾叶）或酸浆、醋淀就釜收之。"在数千年的发展历程中，我国豆制品的加工技术日渐完善。

在植物肉加工中，**质构化**是非常重要的一步。这是因为植物中的蛋白结构往往是球状的（如大豆的大豆球蛋白和 β- 伴大豆球蛋白），而肉中蛋白的结构是纤维状的（如肌肉纤维蛋白）[22]。要改变蛋白质的质构特性，就要用到质构化的方法。目前，主要有两种类型的质构化方法：一种是"**自下而上**"的方法，另一种是"**自上而下**"的方法。自下而上的方法包括纺丝法、3D 打印法和利用微生物发酵产生生物质的方法；自上而下的方法包括冷冻、挤压等。其中，最常用的商业化的质构化方法为**挤压**。

目前，常见的植物蛋白质构化工艺主要有**低水分挤压技术**和**高水分挤压技术**两种。

低水分挤压技术（简称**干法挤压**）是以大豆浓缩蛋白和豆类加工中的饼粕为主要原材料，将不同种类的植物蛋白粉进行预混合，之后进行挤压（通常用单螺杆挤压机）、切片、干燥，并形成稳定的组织化产品的工艺。生产的产品为低水分植物组织化蛋白（TVP），也称为**低水分 TVP**（或称为**干 TVP**），含水率为 10%～40%。

高水分挤压技术（简称**湿法挤压**）采用双螺杆挤压工艺使蛋白重组，定向排列，形成纤维状，得到稳定的结构、形状、色泽和质地。因其产品水分较高，不利于保存，需要冷藏或冷冻储存。湿法挤压的蛋白产品又被称为高湿状态挤压蛋白产品，或者**高水分 TVP**、**湿 TVP**，含水率高达 40%～80%[23]。

如图 5 所示，湿 TVP 产品复水后，结构上与肉类产品类似，可以模拟整块肉的质地，因此可以用来制造常见替代肉类，如鸡胸肉、牛肉、猪肉等；而重组肉（如肉丸、汉堡、肉饼等）和松散结构肉（如肉碎、肉糜）可以用结构松散的干 TVP 来制作。

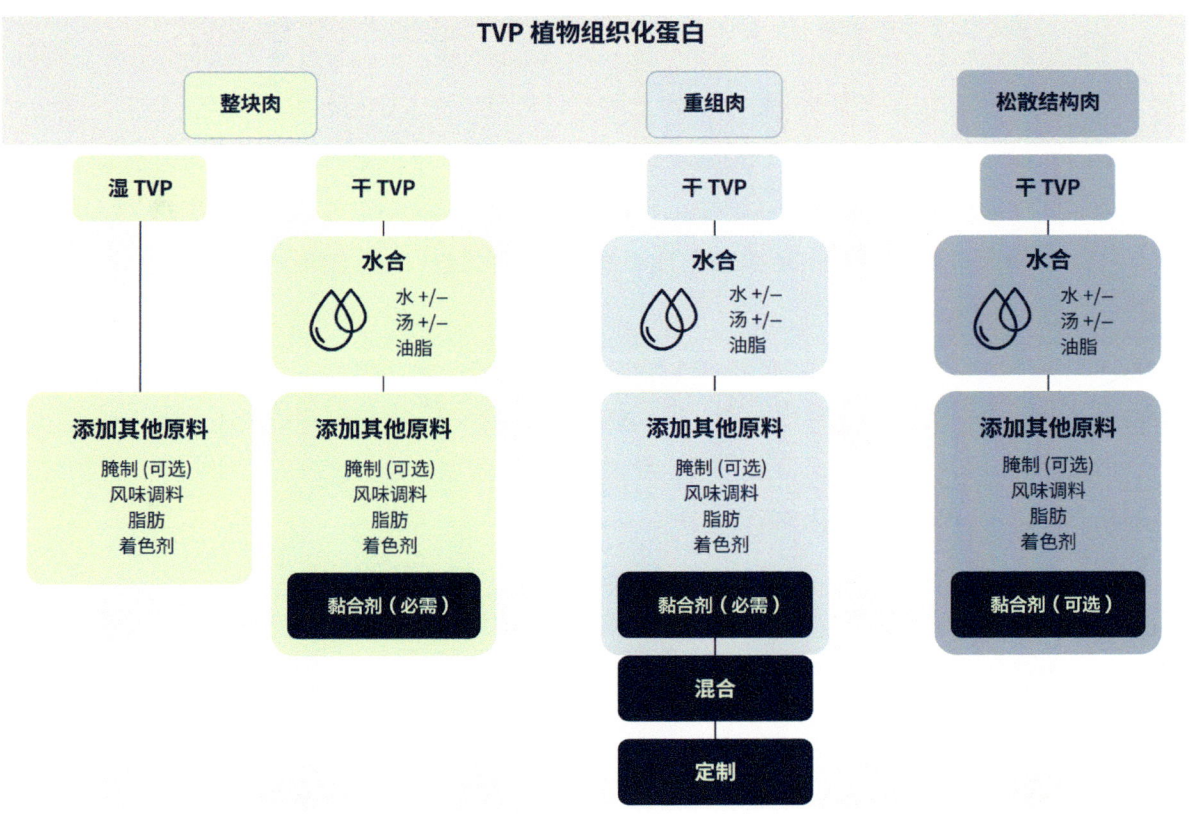

图 5　利用不同植物组织化蛋白生产整块肉、重组肉和松散结构肉的流程

在传统挤压技术即低水分挤压技术基础上，通过装备与工艺改进，可发展低能耗、无污染、高效能的新型挤压质构化技术，如高水分挤压技术、3D 打印、冷冻成型等。

目前，低水分挤压技术仍是主流。中国有悠久的素肉生产历史，而素肉也主要采用低水分挤压的方式，因此技术成熟。此外，低水分挤压较高水分挤压成本低、储藏运输方便，其产品也有易储存、结构松散等特点，应用场景比较广泛，因此，国内更多厂家采用低水分挤压技术[24]。中国植物肉厂家，如素莲、Omni 新莘主义、齐善、鸿昶等主要采用了低水分挤压技术，也有部分厂家对高水分挤压技术进行了布局。

研究背景　　　　　　　　　　　　　　　　　　　　　　　　　　　　　　　　　　　　　　　13

高水分挤压存在设备价格高、技术不成熟、产品货架期短等局限性，但由于其产品可以成功模拟整块肉的质地，已成为植物肉行业的关注焦点和前沿引领性技术。国内在 2006 年开始研究高水分挤压技术，2016 年受植物基行业崛起的影响而逐渐成熟，许多植物蛋白公司和科研单位都对高水分挤压技术进行了创新和优化，至今已实现了全链条技术的新突破。例如，国际企业米特加食品科技有限公司于山东淄博新建的植物基食品产业园旨在打造聚集植物蛋白高新技术研发中心，创建国际一流的干法、湿法蛋白挤压生产工厂。2023 年，国内企业山东环丰食品股份有限公司率先建成了千吨级高水分挤压植物基肉制品生产线并投产运营，植物基肉饼、植物基酱牛肉包及素包子等产品在中国国内及日本和法国展销。中国农业科学院食品加工研究所王强团队在高水分花生拉丝蛋白制备上取得了许多成果 [25-27]。四川植得期待生物科技有限公司、新素食、星期零等公司也陆续推出了高水分挤压研究成果与产品。

中国植物肉产业链

素肉供应链的成熟为植物基肉制品产业发展奠定了良好的基础。自 2019 年"植物肉元年"开始，中国不断探索创新，已经发展出了一条成熟的产业链。放眼全球，中国有着得天独厚的完整植物肉产业生态圈，如图 6 所示，中国植物供应链中包含上游原材料供应商，中游研发及生产，以及下游分销商。其中上游分为原料种子培育和种植，以及植物组织蛋白加工和生产的原料供应商，而中游则是包含了产品研发、小中试及扩大化生产服务和生产加工制造的供应商，下游则包括了分销供应商，如超市、连锁或者餐厅等。植物肉产业链随着市场需求正在不断地创新和整合，从上游蛋白产业链升级，到产品开发，生产加工技术不断迭代。

植物肉产业链中，主要成员包括植物大豆 / 豌豆蛋白生产商、植物肉初创公司、食品公司、传统素肉公司、集团性质公司、大型肉制品企业等。我国的大豆 / 豌豆蛋白生产产业高度成熟，植物肉工厂更是迅速崛起，有望成为世界级的生产基地。

我国长期以来创造素肉的历史经验和技术如果能够与现代食品科技，以及庞大的蛋白质加工供应链相结合，将能为消费者提供现代植物性饮食产品，为我国在食品科技创新及构建供给体系方面助力，加速植物肉产业在全球范围内的发展。

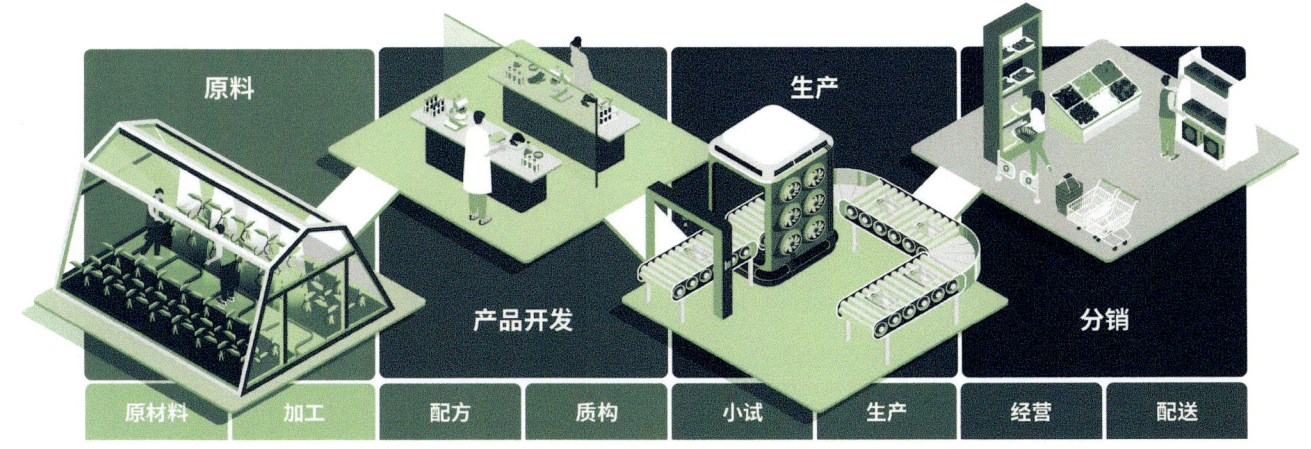

图 6　中国植物肉产业链的构成

研究方法

* 概览
* 农作物分析的标准
  * 筛选
  * 综合利用可行性
* 微生物分析的标准
  * 筛选
  * 综合利用可行性
* 蛋白质特性
* 数据来源

概览

新蛋白资源中应选择量大面广、国家关注、原作物加工链成熟、可加工应用、经济成本低且尚未开发的蛋白质资源。因此，报告从综合利用可行性与蛋白特性两大方面对各种类进行评估。

行业专家初步调研的结果表明，农作物生产蛋白与微生物生产蛋白之间存在明显差异。因此，本报告将两者分析方法进行区分。表1中总结了报告研究的主要步骤。

表1 研究的主要步骤

步骤Ⅰ：筛选	
产量	在中国的产量排名靠前
贸易顺差	出口量大于进口量
新颖性	尚未被大型原料商开发为产品
蛋白含量	不宜过低
法规	有食用历史，或在"新食品原料"名录中
步骤Ⅱ：综合利用可行性分析	
农作物	产量 副产品的开发程度 副产品（蛋白质相关）的生产规模 加工过程中有大型企业参与 政策支持：价值链开发的潜在动因 废弃物利用：残渣总量（饼、粕、渣、糠、外壳、颗粒等）中的蛋白质含量（%）及相应产量（吨） 价格预估
微生物	繁殖速率与蛋白生产效率 蛋白质含量及特定功能性成分 培养：给料、培养中的困难及繁殖率
步骤Ⅲ：蛋白质特性分析	
营养特性	氨基酸组成
安全特性	过敏原、毒性
感官特性	风味、质地
物化特性	可溶性、乳化性、凝胶性、起泡性、持水性
健康特性	生物活性成分
加工方法	主要分离和提取方式

农作物分析的标准

筛选

产量

首先筛选了《中国统计年鉴》中近年来中国产量较高的农作物，农业农村部印发的《"十四五"全国种植业发展规划》及受政府政策重点扶持项目中提到的农作物，以及中国主要科研单位（农业科学院及重点高校）已经有过充分研究的农作物。另外，地区盛产的特色作物也被列入了本清单。总计入选的有 48 种（详见**附录 1**）。这些农作物被分为 7 个大类：粮食（薯类、豆类、谷类）、草本油料（如油菜、大豆、花生、向日葵、芝麻、胡麻等）、木本油料（油茶、核桃、油橄榄、仁用杏、榛子等）、糖料（甘蔗、甜菜及糖用高粱等）、蔬菜、水果，以及其他特色作物。

贸易顺差

排除了在中国出现贸易逆差的农作物，因为对于这些作物，中国仍需依赖进口来满足国内需求。然而，在分析过程中发现，农作物原粮可能依赖进口，但是它们的加工产品却主要用于出口。以大豆为例，虽然大豆本身的进口量大于出口量，但是加工过的大豆油和大豆粕却主要用于出口。因此，只关注在作为原材料时出口量大于进口量的农作物可能过于武断。本报告只关注出口量超出进口量的农作物，也许在后续的报告中会扩大分析范围。

新颖性

本报告还排除了已经由主要供应商开发为成分的候选项，包括大豆、豌豆、大米、花生、小麦、蚕豆、鹰嘴豆、马铃薯等。

综合利用可行性

筛选农作物综合利用可行性分析如图 7 所示。

图 7　筛选农作物综合利用可行性分析

对于农作物来说，第一，重点是要优先考虑那些易于获取的选择，这表现在**成熟的加工链**和**产能**上。第二，这些物种需具有**新颖性**，剔除了已经被主要供应商充分开发的方案（如大豆）。第三，应该展现**中国的优势**，例如，与全球平均水平相比庞大的产量、庞大的出口量，或政府政策和监管框架支持。第四，蛋白生产不应与原作物本来用途冲突，不能破坏原有的加工链平衡，最好是能够充分利用**副产品或者加工废弃物**。第五，推荐名单必须在食品加工方面展现出有竞争力和**合理的市场价格**。

鉴于新型作物的加工链开发存在局限，因此，很难对农作物的感官特性、健康效益和营养价值进行量化。蛋白质生产有赖于提取方式，而分离蛋白质则各不相同，有必要在评估蛋白质特性之前了解分离和提取方式。新型蛋白质发展仍处于早期阶段，目前还没有形成主流的加工方式，很难基于其感官特性对这些候选项进行评估。因此，本报告主要依据综合利用可行性对作物进行排名，具体衡量标准包括中国的竞争优势、产量、加工能力、蛋白废料利用及价格预估。标准和打分参数如表2所示。对于每种作物，主要分析以下信息。

- ► 种植面积、作物产量、中国产量与世界产量比值、种植区域。
- ► 分销：主要贸易形式、定价。
- ► 供应链：阶段、加工能力和产能、关键参与者。
- ► 贸易：进出口量、价值。
- ► 政策和影响趋势。
- ► 废弃物利用：总残留物（饼粉、壳、颗粒等）蛋白产量。
- ► 价格：与大豆相比原作物或高蛋白副产品的售价。

表2 农作物综合利用可行性的评分标准

项目	中国优势	产量	加工能力				蛋白废料利用	价格预估
参数	（中国/世界）产量百分比（2021年）	产量（MMT）	副产品发展情况	蛋白相关的副产品发展情况	龙头企业概况	未来产业链发展可能-政策支持	总残留物（饼粉、壳、颗粒等）蛋白含量（%）×相应产量	作物价格
权重/%	10.00	10.00	10.00	10.00	10.00	10.00	20.00	20.00
打分	1～5	1～5	1～5	1～5	1～5	1～5	1～5	1～5
	5：>80% 4：60%～80% 3：40%～60% 2：20%～40% 1：<20%	5：>10 4：3～10 3：1～3 2：0.1～1 1：<0.1	5：有高附加值的产品 3：主要用作饲料、肥料 1：大部分作为废弃物	5：>5 MMT 渣/糟/粕 1：<50 000 吨渣/糟/粕 3：淀粉相关的剩余物（如甘薯渣）：>8 MMT 渣/糟/粕 4：>5 MMT 渣/糟/粕	5：有国家级企业 1：大部分为小作坊	5：国家规划的生产和加工增长目标 3：国家政策鼓励加工，但没有增长目标 1：仅省级/地方支持生产和加工	5：>100万吨 4：50万～100万吨 3：10万～50万吨	5：小于大豆价格 2.5：与大豆价格相似 1：大豆价格的5倍以上

微生物分析的标准

筛选

与农作物不同，微生物的生产和加工通常不受自然条件的限制，因此，产量不是最重要的筛选标准。与农作物受土地、水、天气等自然因素制约相比，微生物的工业化生产可以通过建立强大的基础设施，成倍地实现规模化生产，具有很强的可塑性。因此，与农作物不同，微生物的筛选不应单单以产量、进出口数据为标准。此外，产业链成熟不是最重要的筛选标准。从产业的角度来讲，微生物生产蛋白尚在初期阶段，未形成成熟的产业链。利用微生物生长生产蛋白质在中国尚未广泛商业化。只有**安琪**在 2023 年底获批将酵母蛋白作为新原料的许可，其他微生物蛋白尚需以完整的形态应用在食品当中。

因此，在微生物筛选阶段主要的标准为微生物的**蛋白含量、法规壁垒、安全性**等。除了蛋白含量高的菌种，报告中还优先选择了一些有食用历史的微生物和在"新食品原料"名录中的微生物。另外，一些微生物中含有毒素和具有令人不悦的颜色、风味及口味，这些微生物也排除在分析之外。

综合利用可行性

对于综合利用可行性方面，由于微生物部分产业链信息较少，因此，并未深入探讨供应链和工业生产的现状，而是集中于可能影响它们综合利用可行性的关键特征。用于蛋白质生产的理想的微生物应具有以下特点：生物质中蛋白质含量高、生长迅速、能够高效利用成本低廉的原料、对培养条件的要求最小（包括温度、湿度、氧气/二氧化碳调节等）。因此，微生物部分综合利用可行性方面为生长速率、给料（投喂给微生物的食物）价格、培养条件及与培养和扩大规模相关的技术屏障（图 8）。

图 8 筛选微生物综合利用可行性分析

同时需要指出，微生物范围非常广，而且表现出强烈的个体特异性。换言之，一个个体菌株可能显示出与该品种的平均水平显著不同的特性，尤其是在涉及突变或基因编辑工具的育种方法时变化更多。由于报告中无法把所有菌种都分析到，因此，像对农作物部分推荐某一个类别是不合理的。因此，微生物部分分析了每个类别的主要特征，并以案例分析的形式列举了其中蛋白含量高、氨基酸评分高、生长速率快、文献充分的几种有潜力的菌种，并提出未来发展策略建议。

蛋白质特性

不论是农作物还是微生物蛋白，一些重要的特征可能会限制新蛋白原料在食品加工中的使用。这些方面包括营养特性、安全特性、感官特性、物化特性、健康特性等（表1）。首先，理想的蛋白应具有良好的感官特性，如无异味、味道鲜美、质地佳、易于加工等。其次，原料应无毒，含低过敏原，并且蛋白质应具有良好的技术功能特性，能够在各种食品产品中使用。最后，它应充分利用自身的天然优势，带来健康益处，包括具有抗炎和抗癌性质的生物活性成分，营养组成符合人体需要（包括必需氨基酸、维生素、矿物质等）。因此，蛋白质特性部分，分析主要集中在生物体的蛋白质含量、营养成分、感官特征、安全风险和健康益处。对于每个物种和菌种，要分析的指标如下：蛋白质的含量；氨基酸的组成；过敏原、毒性等安全特性信息；风味与质地；生物活性成分；影响加工的技术功能特性，如可溶性、乳化性、凝胶性、起泡性、持水性等。关于蛋白质的分离、提取和蛋白质技术功能特性的研究，农作物较微生物更充分一些，微生物文献信息仍然较少。

数据来源

综合利用可行性分析方面，本报告主要进行了广泛的二次研究，辅以访谈调研，获取了有关农业生产、供应链结构、加工能力、政策趋势及其影响的见解。数据来源涵盖了政府机构、行业协会、博览会组织网站、公司数据库和企业网站等。相关数据如图9所示，包括各省市年鉴、国家统计局报告、海关总署数据等。更详细的信息源参见在报告末尾的附加参考文献部分。进行一对一深入访谈的专家包括研究人员、行业协会、供应链主要参与者和其他利益相关者。

在特征分析方面，我们主要查阅了科学文献，同时辅以一些相关领域的调研和相关研究专家的访谈。

图9 综合利用可行性分析数据来源举例

研究结果　第Ⅰ类：农作物

- *** 概览**
- *** 推荐名单选析**
  - * 油茶籽
  - * 甘薯
  - * 谷子
  - * 茶叶
  - * 核桃
- *** 农作物部分结果与讨论**

概览

本篇分析的目标为编制一份目前尚未得到充分利用，但却拥有作为新蛋白来源的巨大潜力的农作物清单。**48种**中国产量较高的农作物名单总结在**附录1**。经过筛选，排除了已经用来商业化生产蛋白的物种（如大豆）、蛋白含量低或难以提取的物种（如香蕉），以及大部分主要依赖进口的农作物（主要考察原作物的进出口数据）。对于蛋白含量，我们不仅考虑原作物，还关注产业链中副产物（糟、粕、渣、糠等）中的蛋白含量和可获取度。经过综合评估，共有**24种农作物**进入了综合利用可行性分析，它们分别是：棉花籽、油茶籽、葵花籽、板栗、核桃、青稞、谷子、糜子、甘薯、甜菜、烤烟、苎麻籽、亚麻籽、杏仁、茶叶、红小豆、绿豆、黍子、山药、文冠果、沙棘、山核桃、油橄榄、油莎豆。其中，较优异的**17种候选农作物**通过表3中所显示的打分标准进行定量评估与排名。详细分数与排名结果如表3所示。

表3　17种候选农作物综合利用可行性评分结果

| 中文名 | 常用英文名 | 中国优势 | 产量 | 加工能力 | | | | 蛋白废料利用 | 价格预估 | 最终得分（满分5分） | 排名 |
				副产品发展情况	蛋白相关的副产品发展情况	龙头企业概况	未来产业链发展可能（政策支持）				
甜菜	sugar beet	1	4	5	5	4	4	5	5	4.3	1
甘薯	sweet potato	3	5	5	4	3	2	4	5	4	2
油茶籽	camellia seed	5	4	4	5	4	4	5	1	3.8	3
葵花籽	sunflower seed	2	3	3	3	5	4	3	5	3.6	4
谷子	foxtail millet	5	3	3	5	2	2	4	4	3.6	5
棉花籽	cotton seed	2	5	4	4	4	4	5	1	3.5	6
茶叶	tea	1	4	3	5	5	5	3	2.5	3.4	7
糜子	proso millet	5	3	2	4	2	2	2	4	3	8
烤烟	flue-cured tobacco	2	3	2	3	4	5	2	1	2.7	9
亚麻籽	flaxseed	1	1	3	3	4	5	3	1	2.5	10
板栗	chinese chestnut	4	3	1	3	2	3	3	1	2.4	11
青稞	highland barley	5	3	3	1	2	4	1	2.5	2.4	11
绿豆	mung bean	1	2	3	3	2	2	3	2	2.3	13
红小豆	adzuki bean	5	1	2	2	2	2	2	2	2.3	14
核桃	walnut	3	3	2	2	2	3	2	1	2.2	15
苎麻籽	ramie seed	5	1	3	2	2	2	2.5	1	2.2	15
杏仁	apricot kernel	5	2	1	4	2	2.5	1	1	2.05	17

推荐名单选析

上述 17 种候选农作物按照油料、糖料、粮食、其他类作物的类别（没有水果类和蔬菜类进入最后的评分环节），各选了 1～2 个代表，在报告中进行详细阐述分析。请注意，下方列入推荐名单选析的 5 种农作物不一定是排名最高的 5 种，其他相似的物种也具备很好的利用价值，应充分考量。

油茶籽

简介

油茶（图 10）一般指油茶科油茶属的一种油料植物，其种子含油量高，具有较高的培育和应用价值。

图 10　油茶

主产地

1. 湖南
2. 江西
3. 广西

产业链

油茶籽产业链见图 11。

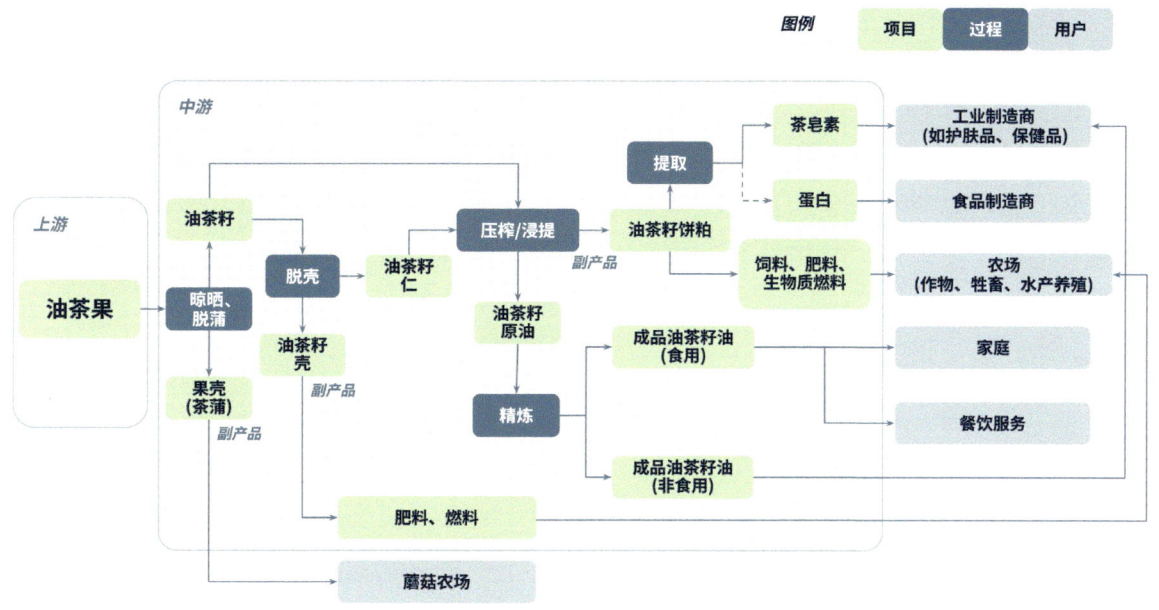

图 11　油茶籽产业链

研究结果　第 I 类：农作物

生产

油茶是中国重要的木本油料作物之一，得到国家和省政府政策大力支持。根据"十四五"规划，油茶从 2020 年到 2025 年将增产 28%。至 2025 年，中国计划将油茶种植面积扩大至 600 万公顷，油茶籽油生产能力提高至 200 万吨（分别比 2022 年增长 27% 和 50%）。2022 年，湖南、江西和广西三省区的油茶树种植面积占全国总种植面积的 67%，油茶籽油产量占全国总产量的 75%。目前，油茶成为继大豆之后第二位饲料蛋白。

加工

油茶籽油年生产能力为 100 万吨（2022 年），年产量为 90 万吨（2021 年），价值 1 529 亿元。其中 91.18% 用于食品消费，8.82% 用作护肤品生产原料。油茶籽油约占中国食用油总产量的 6%。主要加工方式：带壳压榨（小作坊）、溶剂萃取、去壳压榨（大工厂）。领军企业为益海嘉里、中粮集团有限公司。截至 2019 年，全国共有 1 018 家油茶籽加工企业，其中有 178 家产能超过 500 吨。顶级品牌多为地方私营企业，如湖南省的金浩、山润、大康时代、贵太太，江西省的绿海、润心、得尔乐、源森，以及浙江省的千岛源和福建省的老知青等。

副产品

油茶的主要副产品有油茶粕/饼、油茶果及油茶籽壳。油茶粕/饼中含有蛋白质（12%~20%）、多糖（30%）、茶皂素（10%~15%）。每年可从 5 万吨油茶粕/饼中制取 1 万吨茶皂素（不足总量的 2%）。其余被用作某种池塘清洗剂、饲料或直接丢弃。预计每年可产出 700 万吨油茶粕/饼。

油茶果壳中含有茶皂素（13.2%）、多糖（12.9%）、蛋白质（12.5%）、黄酮（1.1%）、多酚（0.9%）。油茶果壳可用作蘑菇培养基、肥料、固体燃料或被丢弃/焚烧。1 吨油茶果可产出 0.54 吨果壳。预计每年被丢弃或焚烧的油茶果壳约达 300 万吨。

油茶籽壳中含有木质素（52.15%）、多缩戊糖（30.27%）、茶皂素（5.43%）及丹宁酸（2.47%）。根据油茶籽产量（粒重的 30.6%~34%），预计可产出 120 多万吨油茶籽壳。大多数油茶籽壳会被丢弃或焚烧。

油茶籽的市场价格约为 18.6 元/千克，副产物油茶饼粕 2~8 元/千克，比大豆价格略高。油茶饼粕含 12%~20% 蛋白，每年约有 140 万吨蛋白可以提取；油茶果壳和籽壳含有约 12.5% 蛋白，如按油茶果壳和籽壳被作为废料丢弃或焚烧计算，则每年约有 175 万吨蛋白浪费。

特性

油茶籽油气味清香，味道纯正；茶籽略有苦涩味，但很少会有过敏隐患。油茶籽饼粕在脱除油脂后，还含有大量的蛋白质、茶皂素等功能性成分，可通过碱提酸沉等手段将其提取出来加以利用[28]。油茶籽饼粕中的氨基酸种类丰富，含有 17 种不同氨基酸，包括 8 种人类无法自己合成的氨基酸，并且氨基酸的种类组成与具体含量都达到联合国粮农组织（FAO）的推荐要求，是十分有价值的蛋白质来源[29]。对功能性的研究表明，油茶籽粕蛋白溶液在 50℃起泡性最好，在 60℃乳化性最好，且随温度升高而降低。另外，油茶籽粕蛋白溶液的乳化性、乳化稳定性受 pH 值影响，均在 pH 值为 4 时最低[30]。

同时，茶籽粕多糖有利于人体的免疫调节、抗肿瘤、抗衰老等，拥有极佳的药用价值和有益于人体的保健功能。除此以外，油茶籽粕中含有很多微量元素，特别是拥有很多动物发育过程中所必需的元素。油茶籽粕蛋白进行水解反应后得到的生物活性肽一般来说都具有对人体有益的作用，且具备易吸收、生物利用度高的优点，是极具发展潜力的生物活性分子。

甘薯
粮食作物

简介

甘薯（图 12）也称为番薯、白薯、山芋等，为旋花科番薯属植物。甘薯是中国主要的优质农产品，其种植面积和总产值均居世界前列。甘薯经过加工和淀粉提取后，通常会留下一些残渣，即甘薯渣。

主产地

1. 四川
2. 山东、河南、重庆、广西、广东

图 12　甘薯

产业链

甘薯产业链见图 13。

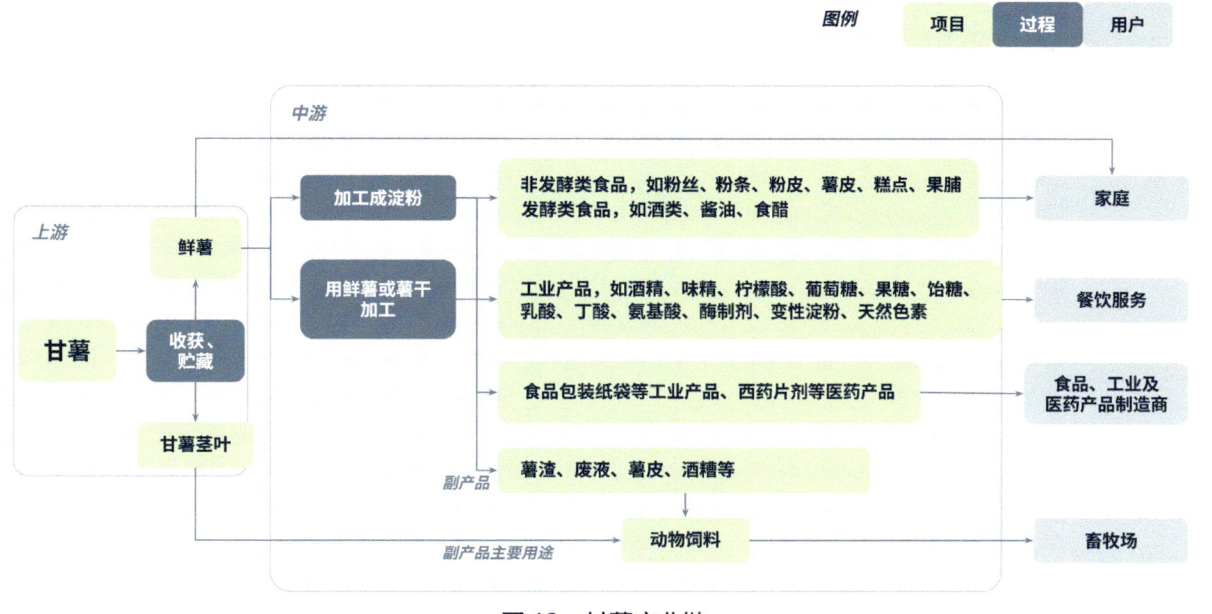

图 13　甘薯产业链

研究结果　第 I 类：农作物

生产

我国甘薯产量稳居全球首位，年产量约 7 100 万吨，占世界水平的 50% 以上[31]。种植主要集中四川、广西、河南、山东、重庆、广东等省区市[32]。种植甘薯的主要生产单位为个体或家庭农场，由合作社和植物企业经营的大型农场也会种植甘薯。甘薯可进行加工（55%）、作为食品消费（30%）及用作饲料（10%）。近年来，直接食品消费的甘薯量有所增加，用作饲料的甘薯量有所下降。

加工

2023 年，甘薯加工产品的产量为 485 万吨。

有 70%～80% 的甘薯加工涉及淀粉制造和提取。甘薯粉丝、粉条、粉皮占甘薯淀粉加工产品的 80%。在 2019 年，甘薯淀粉产量为 26.6 万吨，甘薯粉丝、粉条和粉皮产量为 22.7 万吨，甘薯干产量为 32.9 万吨。

甘薯加工中心集中在山东、河南、四川和湖北。这 4 个省份的甘薯加工企业总数量在全国甘薯加工企业总数量的占比超过 60%。截至 2017 年，85% 的甘薯加工企业产能低于 1 万吨。

副产品

在淀粉加工（如将甘薯制成粉丝、粉条或粉皮）的过程中会产生残渣（固态）和液体废弃物。这些残渣和废弃物中含有淀粉、蛋白质、多酚、多糖、膳食纤维和果胶。干燥的固态残渣中含有 3.38%～5.97% 的蛋白质，液体废弃物中则含有 1.5%～2% 的蛋白质（干重）。

每吨淀粉可产出 10 万～20 万吨液体废弃物和 4.5 万～5 万吨残渣。根据中国的淀粉产量，每年产出的残渣总量高达 550 万吨，废水总量达 1 650 万吨。基于总产量，预计会在加工过程中产出 628 万吨甘薯皮。

甘薯生产产出约 5 300 万吨茎/叶。95%～98% 的甘薯茎/叶会被直接丢弃，2%～5% 会被用作动物饲料，极少部分会被作为新鲜菜蔬食用。

目前，许多甘薯残渣经生产企业简单处理后即被当作垃圾丢弃。如果没有及时处理，这些残渣很容易腐烂变质，引发资源浪费和环境污染。据统计，生产 1 万吨甘薯干约消耗 4 万吨甘薯原料，脱皮损失率达 25%。同时，还产出约 1 万吨甘薯残渣和 7 万吨甘薯藤和小甘薯。甘薯加工产生的副产品体量如此庞大，亟须科学、合理的资源利用。甘薯的市场价格为 3～5 元/千克，副产物甘薯渣为 0.2～2 元/千克，比大豆价格低很多。淀粉加工中的残余物含有 3%～6% 蛋白，每年约有 32 万吨蛋白可以提取；淀粉加工的液体废料中含有 1.5%～2% 蛋白，每年约有 33 万吨蛋白浪费。如果能从甘薯茎叶（蛋白含量约为 2.5%）中提取蛋白，则可获得 14.9 万吨蛋白。

特性

甘薯金黄色或艳紫色，含水量中等，口感细腻柔软、甜度较高、香气较浓。甘薯蛋白的主要提取方法是等电点沉淀结合超滤法等。甘薯蛋白的 PDCASS 值达到 0.77，生物价高达 72，高于马铃薯蛋白。从氨基酸组成来看，甘薯蛋白含有 18 种氨基酸，其中人体必需的 8 种氨基酸的含量高于许多植物蛋白

[33]。甘薯蛋白主要为球蛋白，在酸性及碱性条件下均具有较好的溶解度、乳化性、起泡性和凝胶性等[34]。甘薯的主要活性蛋白质为糖蛋白和储藏蛋白，富含蛋白质、脂肪、糖分、膳食纤维、胡萝卜素、维生素C、钙、磷、铁等，具有解毒、清除自由基、抑制血糖升高、增强免疫力、清除胆固醇、抗衰老、防止动脉硬化、宽肠通便和增强免疫等功效[33]。

谷子

简介

谷子（图14）是世界第六大粮食作物。2018年，谷子的全球产量约为3 100万吨。谷子原产于中国北方，是一种不可或缺的粟类作物。谷子可广泛适应不同气候，主要生长在印度、中国、尼泊尔、非洲、俄罗斯、乌克兰、白俄罗斯及中东地区。谷子根系浅（90~120厘米），具有生长期短（60~90天）、水分利用效率高、耐盐碱和耐瘠薄等特点，是一种理想的旱地作物及重要的种植业结构调整作物。

主产地

1. 内蒙古
2. 山西
3. 河北

图14　谷子

产业链

谷子产业链见图15。

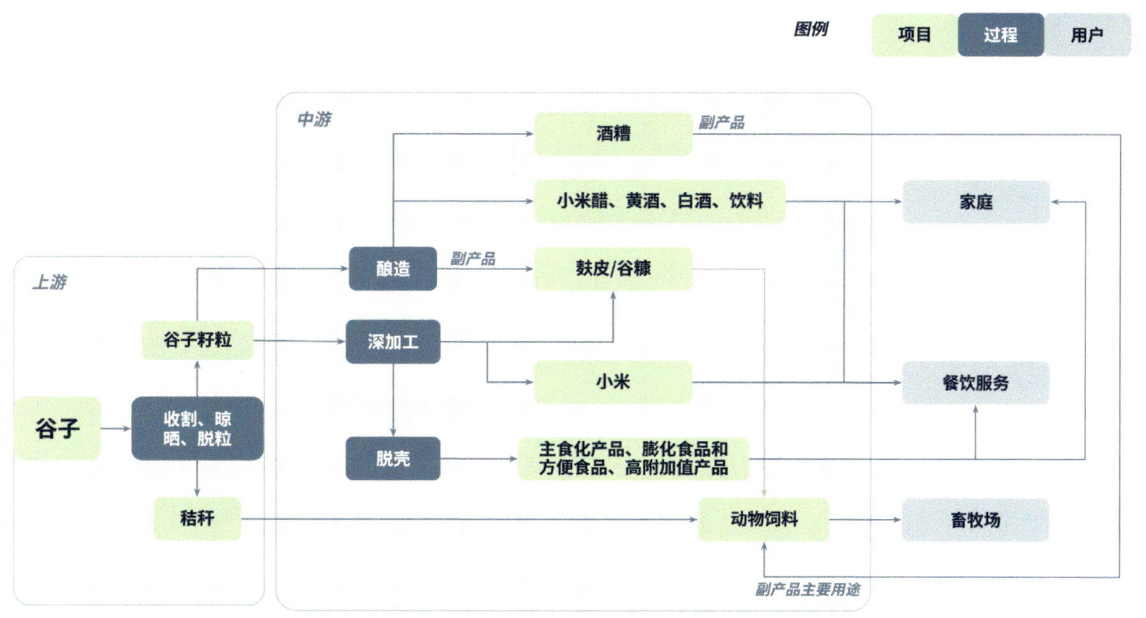

图15　谷子产业链

生产

谷子是我国主要的传统粗粮作物。各级政府为谷子的生产和行业发展提供了较为有利的政策支持，旨在充分发挥各地资源禀赋和区位优势，推动发展产业集群。消费者对谷子的需求近期有所增长。谷子主要由个体农户种植，种植较为分散且机械化水平较低。谷子主要在中国国内生产和消费，没有进口，出口量也极少（<0.2%）。

小知识点

大米是水稻脱壳后的叫法；小米是谷子脱壳后的叫法，其他俗称有粟米、粟谷等。小米有粳性和糯性的品种。与谷子很像的另一种纳入分析名单的高蛋白谷物类作物是糜子，脱壳后称黄米。糜子也分为粳性和糯性的品种，粳性糜子称为稷子，糯性糜子称为黍子。中国古代用"稷黍"泛指五谷。

加工

在谷子的消费总量中，有 80% 直接用于食品消费（主要用于煮粥和饭），15% 用于粗加工，还有 5% 用作种植种子和动物饲料。2021 年，谷子的总产量为 288.6 万吨；基于该数据，预计谷子的加工量约为 43.29 万吨。谷子的加工工厂大多规模小且分散，该领域几乎没有大型企业。

副产品

糠是谷子加工的主要副产品，约占谷子重量的 10%。中国每年约产出 50 万吨谷子糠。糠含有丰富的蛋白质（12%）和纤维（35%）。5%~10% 的谷子会被制成酒和醋，而酒和醋的生产过程中也会产出副产品（糟），但是没有关于糟产量的确切数据。目前，糠和糟都只用作动物饲料。糠的其他潜在价值（如膳食纤维、谷糠油和蛋白质）仍处在研发阶段。小米的市场价格约 5 元/千克，副产物小米糠 0.5~3 元/千克，比大豆价格低。小米糠中约含有 12% 蛋白，每年约有 60 万吨蛋白可以提取。

特性

小米适口性较好，食味略甜，有坚果风味[35]。目前对小米（脱壳谷子）蛋白质的提取主要有 3 种方法：一是碱提酸沉法，二是 Osborne 分级提取法，三是酶法[36]。谷子（未脱壳）的蛋白质含量为 9%~17%，是低敏性蛋白，其中白蛋白、醇溶蛋白、麦谷蛋白和球蛋白的占比分别为 1.4%、4.0%、0.3% 和 2.4%。谷子的成分相对平衡、合理，总氨基酸含量高，必需氨基酸种类齐全，尤其富含谷氨酸、脯氨酸和亮氨酸，且必需氨基酸占蛋白质的 42%，是优质蛋白源[37]。除淀粉、蛋白质和脂肪外，谷子中还含有大量钾、镁、钙、磷等元素，以及铁、铜、锌、硒等微量元素。谷子中的磷、铁含量高于大米。而且小米中储藏蛋白是醇溶蛋白，醇溶蛋白是治疗顽固性胃炎、胃溃疡等胃肠疾病效果显著的天然蛋白。此外，谷子还具有健脾益气、抗炎、抗氧化和预防心脑血管疾病等功效。

茶叶

简介

中国是世界上最大的茶叶（图16）生产国、出口国和消费国。2022年，中国生产了335万吨茶叶，占全球茶叶总产量的近一半。中国的茶叶生产中约3/5为绿茶，即一种由未经氧化处理的叶子制成的茶叶。

主产地（2022年）

1. 云南
2. 福建
3. 湖北
4. 四川
5. 贵州
6. 湖南

图16 茶叶

生产

2018年，成品茶的年产量为262万吨[38, 39]，同比增长了2.6%。干茶销量为224.3万吨，同比增长了1.9%，约占全球总产量的50%，位列世界第一。茶叶生产受到国家"十四五"规划及各级政府大力扶持，全国人大代表也就推进少数民族地区茶产业发展提出了建议。预计到2025年，全国茶园面积稳定在4 000万亩，产量达到300万吨左右。

加工

茶叶在生产和加工过程中需经历几个步骤，其中茶粉和茶片是在揉捻和干燥过程中叶片破碎而产生的片状副产品。在制茶学上，制茶产品凡需精细再加工的，泛称之为"毛茶"，而其制成的加工产品则称"精茶"或者"成品茶"。绿茶的再加工和精制相对简单，只需一些整形和捡去碎片即可，而对于一些外销茶，诸如祁红工夫和眉茶等，分级要求严格，就需要更加精细的加工。

全国知名茶叶品牌企业包括湖南省茶业集团股份有限公司、浙江华茗园茶业有限公司等。

产业链

茶叶产业链见图17。

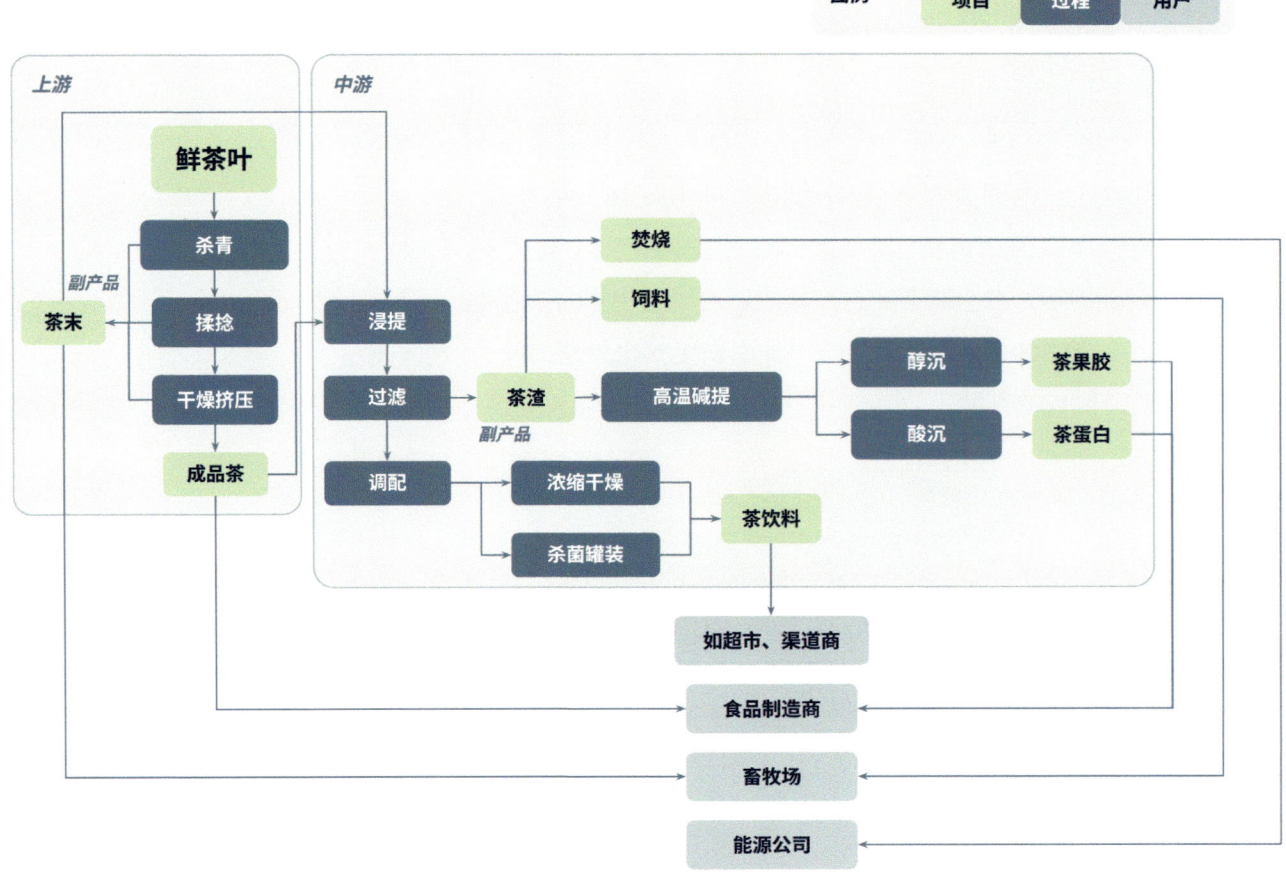

图 17　茶叶产业链

副产品

通常情况下，茶叶生产加工过程中将产生 10%～30% 茶片、茶末等副产物，以及约成品茶 2 倍体量的修剪叶废弃物。许多茶叶加工企业并未将茶片和茶末分开，且现有研究多数未对两种副产物进行区分。茶末与茶片性质、活性成分含量相近，因此，市场销售过程中并未将两者分开销售，目前关于茶末副产物的研究中亦未作区分。某些高档茶生产过程中所产生的茶末中，活性成分含量甚至高于茶叶。因此，茶末是一种提取纯化活性成分的优质原材料。茶渣、茶末通常只被直接作为土壤肥料利用，造成了极大的资源浪费。目前，茶末等茶叶副产物的利用主要集中于以下途径。

- 名优茶加工过程中产生的少量茶末，以嫩芽、嫩叶为主，滋味醇厚，通常用于直接冲饮
- 低档茶原料较为粗老，机械加工过程中会产生较多的茶末，该类茶末苦涩味较重，主要用于茶多酚、儿茶素、茶氨酸、茶多糖等成分的提取
- 茶末还可以用于动物饲料、卷烟和茶酒等产品的开发[40-43]。

茶叶的市场价格 5～1 800 元 / 千克，收购价格差异极大，和树种、品种等相关。副产物茶渣 0.9～2.3 元 / 千克，比大豆价格低。茶渣中含有 20%～30% 蛋白，每年约有 30 万吨蛋白可以提取。

特性

茶叶味道清香、甘醇，咀嚼有苦涩感。茶蛋白的氨基酸评分高于大豆蛋白，稍低于牛奶和母乳蛋白[44]。茶蛋白占茶叶干重的 15%～30%。目前，对茶蛋白提取方法的研究比较成熟，茶蛋白常见的提取方法有碱提取法、蛋白酶提取法和碱酶复合提取法。茶蛋白营养价值丰富，但溶解性能差，通过限制性酶解改性，可以有效地提高茶蛋白的溶解性能，茶蛋白是一种优质的植物蛋白质粉，并且改性后茶蛋白具有较好的乳化性[45]。茶渣中含有 20%～30% 的蛋白质。超过 90% 的蛋白质可通过碱法提取。在功能活性方面，茶粉的抗氧化、调节血糖和血脂及降低脂肪和胆固醇含量等药用价值已经得到理论和临床验证。茶粉/茶末中含有 16%～18% 的粗纤维、17%～19% 的粗蛋白、8%～9% 的矿物质和 0.5%～1.0% 的粗脂肪。茶叶含有咖啡因，但是含量低，一般不会使人过敏。

核桃（油料作物）

简介

2021 年，中国生产了 540 万吨带壳核桃，占世界核桃总产量的 23%。核桃（图 18）中含有 15%～18% 的蛋白质，提取油脂后剩余的核桃粕/饼中的蛋白质含量约为 40%，其中含有的 18 种氨基酸比例均衡。未得到充分利用的蛋白质主要来自核桃仁粕/饼，年产量约为 3 万吨。

主产地

1. 云南
2. 新疆
3. 四川、山西、陕西

图 18　核桃

产业链

核桃产业链见图 19。

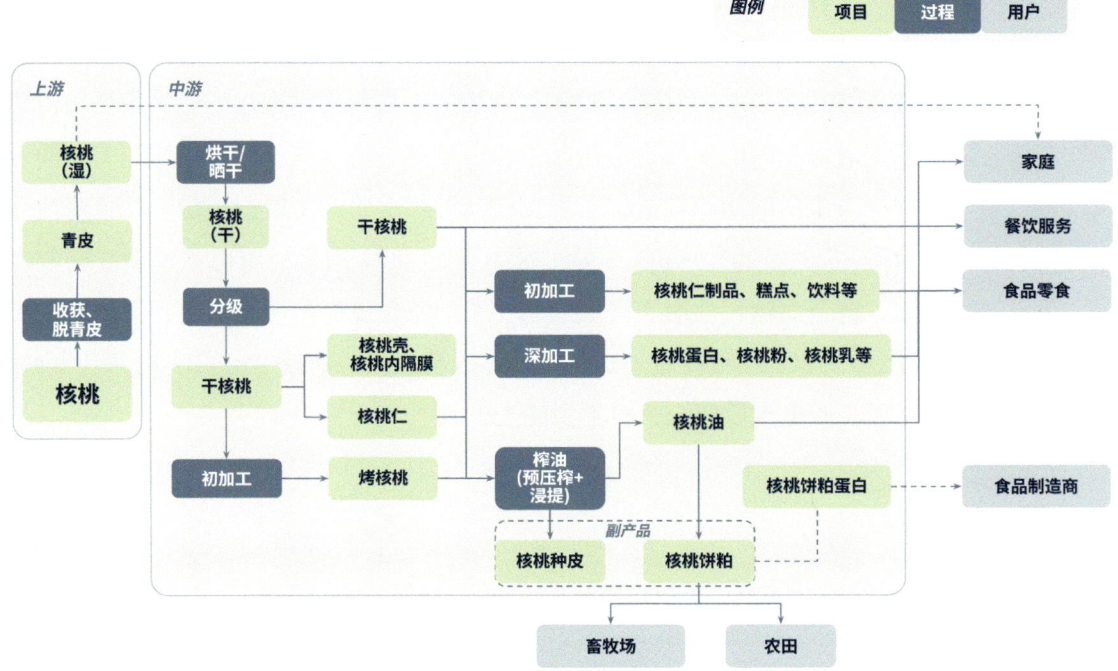

图 19 核桃产业链

生产

国家林业和草原局《**林草产业发展规划（2021—2025 年）**》中明确鼓励核桃产业价值链的发展。此外，云南省号召大力发展核桃产业，维护生态效益、助力脱贫攻坚。中国在 2019 年全球核桃收获面积达 130.43 万公顷，世界排名第一（占比 48%）。随着在 2010—2015 年扩张期间栽种的树木逐渐长成，核桃产量在接下来几年中预期将每年增长 5%。云南、江西、四川和陕西 4 省的核桃种植面积占全国总面积的 72%。

在云南，核桃树主要种植在丘陵地带，产量较低且采摘成本较高。新疆的核桃树栽种在有规划的果园中，产出的核桃质优量大。

加工

核桃经基本的**去青皮**和**去壳**及加工程序后可产出**干核桃**、**核桃仁**，是核桃主要的加工产品，约占总量的 80%。核桃油也是重要的加工产品，但是用于榨油的核桃量很少，且主要为带壳和内种皮高温压榨。2021 年中国共产出 59 472 吨核桃油，其中 63% 来自云南。至 2021 年，中国总计有 70 家大型核桃油企业，其中有 17 家在云南，另有 12 家在陕西。核桃饼粕蛋白变性程度高且有壳碎渣，限制了其在食品中的应用。该领域的不同品牌企业往往专注于核桃的某类加工形式，如核桃油（河北家丰植物油有限公司帝麦、湖南贵太太茶油科技股份有限公司）、核桃粉（五谷磨房）和核桃乳（山西大寨饮品有限公司大寨核桃露、河北养元智汇饮品股份有限公司六个核桃）等。

副产品

核桃粕/饼中约含有 50% 的蛋白质（白蛋白 6.8%、球蛋白 17.6%、醇溶蛋白 5.4%，以及谷蛋白 70.1%）。每吨核桃油可产出 1.04 吨核桃粕/饼，大部分副产品会被**直接丢弃**。按核桃油产量预估，产出的核桃粕/饼总量为 61 910 吨。目前，大多数核桃粕/饼被用作动物饲料和肥料，仅有一小部分被用于制取蛋白质。多肽也是一种潜在产品，其他副产品有核桃绿皮和核桃壳（分别占核桃产量的 45% 和 30%）。另外，也会产出夹心木和薄皮，但这两者的产量较小。核桃的市场价格约 10.2 元 / 千克。副产物核桃粕为 2.1～3.5 元 / 千克，与大豆价格持平。核桃粕中约含有 50% 蛋白，每年约有 3 万吨蛋白可以提取。

特性

核桃味甘，性平，温，无毒，微苦，微涩。鉴于其营养价值高、成本低廉且功能特性良好，核桃蛋白已经成为人们关注的重要植物蛋白资源。目前，核桃蛋白质的主要提取方式包括碱溶酸沉法、盐析法、反胶束法、超声辅助法、膜分离法和离子交换法。核桃蛋白的 PDCASS 值为 0.46～0.55，含有 18 种人体需要的氨基酸，其中含量较高的是天门冬氨酸、谷氨酸、精氨酸，而赖氨酸、苏氨酸、苯丙氨酸和甲硫氨酸含量不足[46, 47]。核桃蛋白含有可使人体产生过敏反应的食物过敏原[48]。目前，关于核桃蛋白功能特性方面的研究主要集中在溶解性和乳化性方面，其他功能特性研究报道比较少[49]。核桃中除含有大量常见营养成分外，还含有许多功能性成分。其中，酚类物质有酚酸（香草酸、丁香酸、鞣花酸、绿原酸）、苯醌（胡桃醌、1,4- 萘醌）和类黄酮（儿茶素、杨梅树皮素）等[50]。

农作物部分总结与讨论

- 本报告中分析的大部分农作物中，其新型蛋白的食用在中国都要经过新食品原料的审批，都面临着漫长的审批期的和审批不通过的风险。

- 农作物的副产品和废弃物中有大量蛋白质可以被利用。如图 20 所示，棉籽粕、蚕豆渣、杏仁粕、葵花籽粕、亚麻籽粕中含有约 50% 的蛋白质，比大豆粕的蛋白质含量还要高。

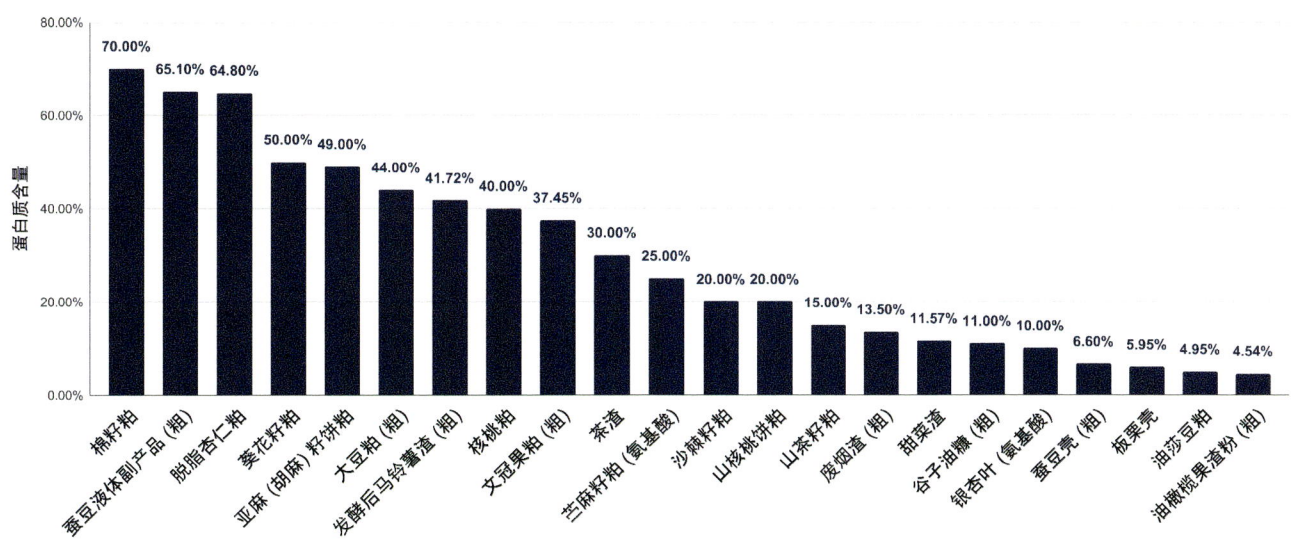

图 20　大宗农产品的副产品和废弃物中的蛋白质含量（干重）

- 有些作物的蛋白含量虽高，但是产量小或者产业链不完备，无法充分开发利用。因此，本报告着重分析了产业链中存在大量未被充分利用蛋白的环节,并总结了大宗农产品不同部位中的蛋白含量、产量及价格参考。由于这些新型蛋白生产的供应链尚不明确,因此,很难预测新型蛋白的经济效益,但以现有信息与行业标准大豆进行比较,也有一定的参考价值。这些蛋白有些已经作为饲料进行利用,少量作为微生物发酵的培养基利用(如由于目前甜菜的副产物利用得较好,因此,获取副产物的途径可能少一些),但大部分还是废弃或燃烧。如果可以充分利用这些蛋白,就可以使这些农业废弃物增值,从而变废为宝。

▶ 本次分析中主要调查了农作物,包括粮食、经济作物等,但是没有涵盖一些蔬菜中的蛋白。草本植物中有丰富的叶蛋白,如苜蓿蛋白等,产量大,目前主要在饲料中应用但尚未在食品中应用,有很大潜力。未来的调研可以向目前生产饲料的原料中扩展。

▶ 有些蛋白存在食品安全的风险隐患。例如,棉花籽产量大、蛋白含量高,但是很多副产物是带棉絮售出,并含有棉酚,主要在饲料中应用,许多专家们认为食用风险较大;烟草中有大量的优质蛋白,然而需要进一步进行毒理评估后才能评价是否可以食用。同时,消费者的接受度也是一个挑战。目前阶段这些蛋白尚未得到使用许可,其食用风险到底如何尚未知晓,需要进一步评价。如果证实有威胁食品安全的物质,通过加工或筛选,也许可以去除一些毒性物质或过敏原,使这些蛋白资源能够在食品中应用。

▶ 在综合利用可行性分析的排名中,一些没有进入最终评分的农作物也各有优势和特色,虽然没有详细阐述,但是它们在特定地区有很强的优势,如青稞、文冠果和油莎豆。

- 青稞(图21、图24):在青海和西藏等高原地区大量种植,主要用于食用和酿酒。青稞秸秆每亩约产600千克,青稞麸皮年产量约有2万吨。从青稞酒糟、秸秆和麸皮中,可以收获蛋白质。

- 文冠果(图22):油粕是文冠果种仁制油剩余的副产品,蛋白含量大约有37%,多作为饲料。每年文冠果油粕的产量约为700吨。2020年4月,国家林业和草原局发布《国家储备林树种目录》,将文冠果纳入国家储备林A类树种,文冠果种仁、文冠果叶均于2023年获批成为新食品原料。

- 油莎豆(图23):沙地上可以种植。目前产量并不太高,但是已在"十四五"规划中提及,因此,5~10年间发展潜力巨大。在2023年10月,油莎豆在中国获批成为新食品原料。

图21 青稞　　　　　　　　　图22 文冠果　　　　　　　　　图23 油莎豆

▶ 本报告在分析中主要考虑原作物的进出口量,选择了出口较多、不依赖进口的物种,并没有参考副产物和加工品的进出口数据。事实上,有些物种虽然原作物进口多,但是副产品和加工品出口量大,其蛋白利用价值也值得探索。例如,大豆的原豆进口较多,但是豆粕出口较多,也可以考虑充分利用。

图 24　青稞

▶ 部分农作物中未被充分利用的蛋白质量与价格参考见表 4。

表 4　部分农作物中未被充分利用的蛋白质量与价格参考

作物	副产物或废弃物	蛋白质含量	每年未充分利用的蛋白质量	剩余物价格
甜菜	甜菜渣	●	●	●
	甜菜茎	●	—	—
	甜菜叶	●	—	—
甘薯	甘薯渣	●	●	●
	甘薯茎叶	●	●	—
油茶籽	油茶粕	●	●	●
	油茶果壳	●	●	—
葵花籽	葵花籽粕	●	●	●
谷子	米糠	●	●	●
棉花籽	棉花粕	●	●	●
	棉籽壳	●	●	—
茶叶	茶叶渣	●	●	●
糜子	米糠	●	●	—
烤烟	烟茎	●	●	—
亚麻籽	亚麻籽粕	●	●	—
大豆	豆渣	●	●	●

注："—"表示未查询到相关信息。

研究结果　第Ⅱ类：微生物

* 概览
* 分类选析
  * 霉菌
  * 食用菌
  * 酵母
  * 微藻
* 微生物部分总结与讨论

概览

小知识点

常见的用于食用和饲用的真菌包括酵母菌、锈菌、黑粉菌、霉菌、子囊菌等。它们是真核生物，包含大约 80 000 个公认的物种。

人类利用微生物发酵进行生产制造有着悠久的历史，然而，直到近些年，微生物的蛋白质生产潜力才开始获得更多关注。从微生物来源获得的蛋白质称为"**单细胞蛋白**"（SCP），包括任何以生物质或提取蛋白形式存在的蛋白质 [51, 52]。

可用于生产单细胞蛋白的微生物种类繁多，用于食品生产的常见种类包括**霉菌**[53]［如曲霉、木霉、根霉 [54] 及镰刀菌（如由 Quron 公司成功商业化的微生物蛋白生物质 *Fusarium venenatum*）等］、**酵母菌**（如酿酒酵母和巴斯德毕赤酵母等）、**藻类**（如螺旋藻和小球藻等），以及**细菌**（如荚膜红杆菌等）。某些**细菌**具有将二氧化碳等气体转化为蛋白质的能力 [55]，目前全球已有一些初创企业开始研发生产这类蛋白，然而，这些蛋白质尚未在食品行业得到广泛应用。单细胞蛋白具有独特的优势，包括高生长速率、可对工业和农业废弃物进行利用，以及与传统作物相比相对较高的蛋白质含量。然而，某些物种可能需要特殊的培养条件和昂贵的培养基，包括生长因子。

本报告中主要讨论中国**霉菌**、**酵母菌**和**藻类**生产蛋白的现状与未来发展前景。细菌没有被纳入的讨论范围之内，是因为其仍处于研发早期阶段且价值链开发尚不充分。此外，在中国，**食用菌**是一种深受大众欢迎的真菌，且中国的食用菌产能对全球生产量贡献巨大。因此，本报告中深入探讨了常见食用菌的特性，将其单独于霉菌列出，并与其他单细胞蛋白来源进行了比较。

微生物部分总计分析了**四大类**共计 **52 种**微生物（详细名单见附录 2），主要筛选和分析标准包括蛋白质含量、在食品中使用和新原料审批情况及生长速率等（见研究方法部分）。四大类之间的关键信息比较总结在表 5 中。需要注意的是，菌株可能存在显著的变异性和特异性，同一物种在不同地区或不同条件下培育可能会产生截然不同的结果，因此，每个菌株的特性需要分情况讨论。本报告中呈现的数据可能仅反映了现有文献中的记录。另一个菌株，即使属于相同的亲近物种，也可能表现出完全不同的特性。

表5 不同类别单细胞蛋白来源比较概览

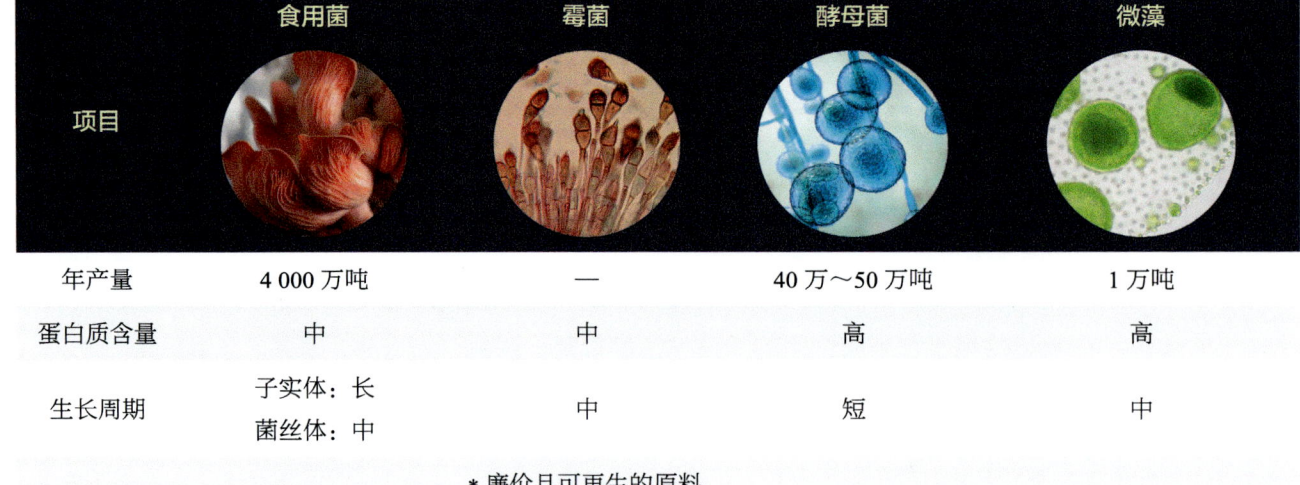

项目	食用菌	霉菌	酵母菌	微藻
年产量	4 000万吨	—	40万～50万吨	1万吨
蛋白质含量	中	中	高	高
生长周期	子实体：长 菌丝体：中	中	短	中
关键优势	*廉价且可再生的原料 *通过细胞外途径生产蛋白质 *质地好	*廉价且可再生的原料 *多样的品种 *消费者接受度高 *口味佳 *所需资本较低 *质地好	*中国首个被批准的单细胞蛋白提取物 *高生长率	*减缓气候变化 *高蛋白质含量 *具有天然的生物活性成分
限制性因素	*安全性 *口味	*蛋白含量低 *生长速度慢	*盈利能力低 *苦味和异味	*养殖技术壁垒 *深色 *藻腥味

注：有关SCP的更全面信息，请参阅附录3中的深度比较。

分类选析

霉菌

简介

霉菌的菌丝为细长丝状物。由于它们的丝状结构且缺乏叶绿素，霉菌通常被大多数生物学家归类为真菌界，而不是植物界的一部分。它们与食用菌有一定联系，主要区别在于它们没有形成明显的子实体。

生产

长久以来，霉菌被广泛应用于发酵生产各种食品和饮料，如奶酪、酱油、味噌、天贝（图25）和发酵豆腐等[56]。霉菌在的工业化生产中的应用主要是作为细胞工厂，用于生产食品、动物饲料、酶、肽和药物。由于外源蛋白表达和分泌能力强，黑曲霉目前被广泛应用于工业酶制剂的生产[57]。作为生物质或蛋白来源的霉菌菌丝体的生产仍处于早期阶段，尚无产能数据可参考。

图 25　天贝

发酵培养

所有 SCP（霉菌、酵母菌、微藻）的工艺流程都相似，如图 26 所示，通常包括以下步骤。

▶ 培养基的制备，主要来源于廉价农业废弃物，如稻草、木材、罐头厂、食品加工废料、水果和蔬菜废料（食品加工残渣）、低质量水果、碳氢化合物或酒精生产残渣。

▶ 培养和发酵。

▶ 单细胞蛋白的分离、浓缩、干燥等。

▶ 将单细胞蛋白最终加工成食品/饲料应用的产品。

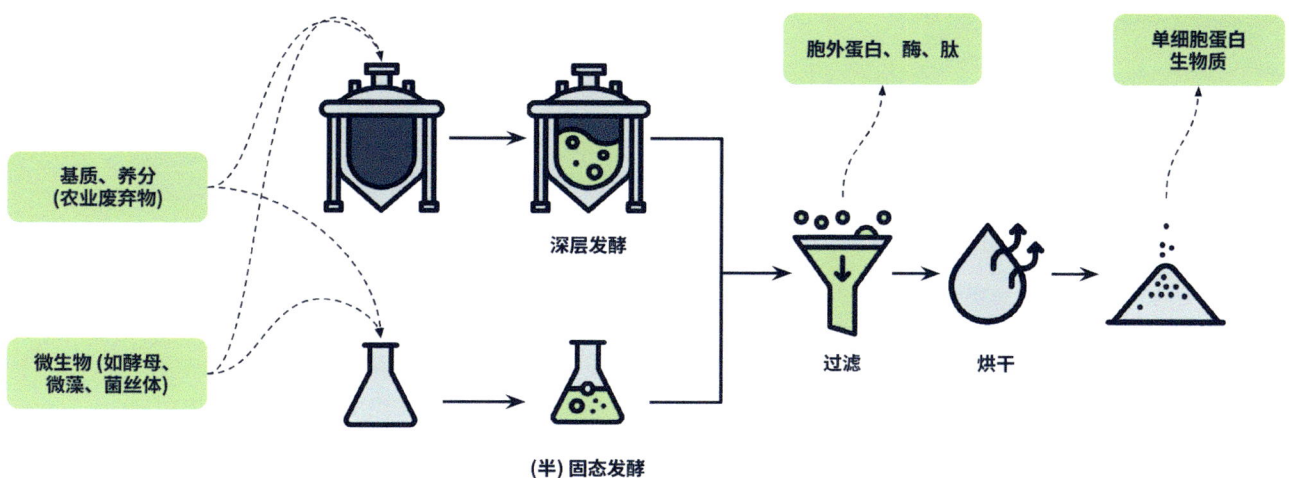

图 26　SCP（包括霉菌菌丝体）的通用发酵过程

固态发酵和液态发酵都可用于 SCP 的培养[58]。在液态发酵中，可以使用分批发酵、补料分批发酵或连续发酵等工业规模的方法生产各种高值产品，如酶、抗生素和其他主要是细胞外蛋白质的制药化合物。在固态发酵中，生长效率受基质物理特性的影响，例如，它们的状态（结晶/无定形）可用表面积、孔隙度及粒径[59]等。

小知识点

固态发酵（SSF）是指为微生物在没有自由流动水的情况下在固体支撑材料上生长的任何发酵过程。

液态发酵（SmF）是指微生物在搅拌式生物反应器的液体培养基中生长的典型的工业过程。

不同 SCP 的发酵和培养过程的主要区别在于养分和基质、碳氮比（C∶N）、发酵参数（如供料策略、pH、温度、光照需求、搅拌速率和氧气供应）。霉菌的投料可以利用农业副产品，如豌豆和马铃薯副产品等。有趣的是，一些霉菌，如黑曲霉，可以利用甘蔗酒厂废水或酒糟，即甘蔗糖蜜发酵和酒精蒸馏过程中产生的残留液体废弃物，而无需添加其他营养物质[60]。与食用菌不同，霉菌没有子实体，霉菌菌丝体生长需 7～10 天。

蛋白质和氨基酸

霉菌菌丝体发酵可以获得两种不同类型的蛋白质：生物质蛋白和胞外蛋白。生物质蛋白的发酵过程类似于其他类型的单细胞蛋白。霉菌生产胞外蛋白能力强，某些曲霉和木霉菌株能生产高达 30～100 克/升的胞外蛋白[61]。因为霉菌主要用作细胞工厂来生产酶和肽等代谢物，所以霉菌生产主要从发酵液中获得产品。因此，许多霉菌发酵主要考虑代谢产物分泌速率，并不侧重于考虑霉菌生物质中的蛋白质和氨基酸组成。例如，以生产胞外蛋白为主要用途的黑曲霉只含有约 30% 的生物质。与胞外蛋白生产相反，侧重于考虑霉菌生物质中的蛋白质含量的 Quorn 公司所用的镰刀菌（*F. Venenatum*）有高达 60% 的蛋白质含量[62]。这些例子说明通过菌种选育可以得到更理想的蛋白质含量和氨基酸组成。此外，蛋白质含量也在很大程度上受到培养基的影响。在食品应用中，大多数霉菌菌丝体主要与大豆等作物共同发酵（如酱油生产）。然而，单独针对霉菌菌株的蛋白特性还未进行广泛研究，相关信息有限。

感官特性

关于霉菌菌丝体蛋白的感官特性，目前信息有限。然而，某些霉菌在食品发酵过程中被广泛使用，产生芳香氨基酸。例如，曲霉的生物合成和代谢产生的酶能够将蛋白质水解成氨基酸，在酱油中起到增加风味化合物的作用（图 27）。

图 27　生产者利用微生物酿造食物

案例分析

黑曲霉（*Aspergillus niger*）

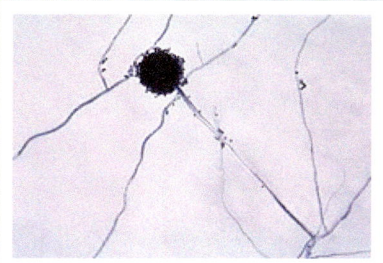

亮点	黑曲霉通过产生高度纯化的果胶酶、（半）纤维素酶和木聚糖酶[63]来降解植物细胞物质，主要用于工业酶制剂的生产[57]。
蛋白质含量	30.4%[64]。
氨基酸组成	赖氨酸、蛋氨酸和色氨酸含量高。
优化方案 I 菌种改造	菌株突变提高了对农作物副产品的降解能力，同时增加了蛋白生物质含量和胞外蛋白酶分泌能力。*Aspergillus niger* H3 突变菌株的纤维素酶产量更高。经过 *A. niger* H3 处理后，土豆残渣的纤维素降解率达到 80.5%。同时，菌株的蛋白含量提高到了 38%[65]。
优化方案 II 发酵过程	经过发酵参数优化，黑曲霉孢子悬液发酵产物的粗蛋白含量较发酵前提高了 40% 以上，并且有效改善了其营养品质[66]。

米根霉（*Rhizopus oryzae*）

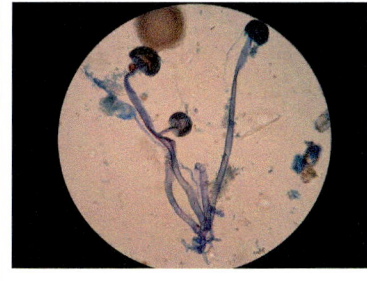

亮点	米根霉在中国的药和酒曲中使用较多。这类真菌无毒，且其安全性获得了美国食品药品监督管理局（FDA）普遍认可为安全（GRAS）的认证[67]。
蛋白质含量	50%。
氨基酸组成	赖氨酸、甲硫氨酸和色氨酸含量高。
优化方案	优化生物工艺过程后（包括生物反应器和参数），米根霉成功地降低了鱼类加工废水的化学需氧量（COD），同时生产出了富含蛋白质的生物质[68]。

优势与限制性因素

霉菌生长速率快、蛋白生产效率高，并且能够使用多种农业副产物及废弃物作为其培养基。许多研究单位已经鉴定出高蛋白菌株，可以利用其生物质生产蛋白，英国公司 Quorn 成功商业化的菌株就是一个典型的例子。除此之外，霉菌细胞外蛋白质的高表达可能为蛋白质生产开辟了另一个有前景的途径。然而，霉菌由于毒性风险较高，可能需要严格的测试和安全预防措施，因此，限制了一些菌株的商业化，在中国作为蛋白原料获得新食品原料审批难度较大。此外，对于霉菌的蛋白风味和加工特性的研究较少。如果霉菌中存在异味和不利于加工的特性，其蛋白可能不易用于食品中，需要进一步开展研究。

食用菌

简介

食用菌（图28），通常称为蘑菇，也称为可食用真菌，是担子菌和子囊菌门的大型真菌，具有肉眼可见的子实体，可以被人类食用。

主产地

黑龙江、吉林、辽宁、河北、山东、陕西、河南、江苏、四川、湖北、贵州、江西、广西、福建

图28　食用菌

中国种植的食用菌种类多样，包括超过100种驯化菌种和超过60种商业化栽培类型[69]，例如，伞菌目、多孔菌目、木耳目、银耳目和鬼笔目等受欢迎的菌种[70]。常见食用菌的主要特性如表6所示。

表6　常见食用菌的特性

外形	中文名	学名	平均蛋白质含量	营养评分	限制性氨基酸	产量/MMT
	香菇	*Lentinula edodes*	10%～20%	77.45	苯丙氨酸（Phe）	12.95
	黑木耳	*Auricularia auricula*	10%～12%	76.34	亮氨酸（Leu）缬氨酸（Val）	7.49
	平菇	*Pleurotus ostreatus*	20%～36%	N/A	甲硫氨酸（Met）赖氨酸（Lys）	6.16
	毛木耳	*Auricularia polytricha*	7%～9.1%	58.83	缬氨酸（Val）	2.23
	金针菇	*Flammulina velutipe*	26.50%	56.91	亮氨酸（Leu）	2.03
	双孢蘑菇	*Agaricus bisporus*	25%～40.81%	77.66	亮氨酸（Leu）	1.57

续表

外形	中文名	学名	平均蛋白质含量	营养评分	限制性氨基酸	产量/MMT
	杏鲍菇	*Pleurotus eryngii*	17%～25%	48～75	异亮氨酸（Ile）	1.52
	茶树菇	*Cyclocybe aegerita*	33.54%	87.77	亮氨酸（Leu）	0.88
	秀珍菇	*Pleurotus geesterani*	35.80%	88.18	亮氨酸（Leu）	0.64
	滑菇	*Pholiota microspora*	18.90%	72.63	甲硫氨酸（Met）异亮氨酸（Ile）	0.63
	真姬菇/鸿禧菇/蟹味菇	*Hypsizygus tessulatus*	20%	86.6	甲硫氨酸（Met）	0.55
	银耳	*Tremella fuciformis*	5.70%	71.37	亮氨酸（Leu），异亮氨酸（Ile）	0.54
	凤尾菇	*Pleurotus pulmonarius*	21.20%	N/A	N/A	<0.5
	大球盖菇/皱环球盖菇	*Stropharia rugosoannulata*	25%	N/A	甲硫氨酸（Met）	0.41
	猴头菇	*Hericium erinaceus*	17%～26%	N/A	甲硫氨酸（Met）	<0.5
	羊肚菌	*Morchella esculenta*	10%～25%	N/A	甲硫氨酸（Met）	<0.5
	牛肝菌	*Boletus edulis*	28%	46.19	N/A	<0.5

数据来源：中国食用菌协会 2022 年统计数据。

注：

（1）蛋白质含量数据来自一篇或多篇文献，但因品种、种植方法、测量方法等差异，可能存在误差。

（2）必需氨基酸是人体无法自行合成，必须通过饮食获得的氨基酸，共有 9 种必需氨基酸：组氨酸、异亮氨酸、亮氨酸、赖氨酸、甲硫氨酸、苯丙氨酸、苏氨酸、色氨酸和缬氨酸。这些氨基酸在各种生理过程中发挥着关键作用，包括蛋白质合成、酶功能及维持整体健康。

（3）"限制性氨基酸"一词用来描述食物蛋白质中相对不足以满足人体需要的必需氨基酸。由于这些氨基酸的不足，会在一定程度上限制其他氨基酸的利用[71]。

（4）"N/A"表示未在文献查阅中发现相关信息。

长久以来，食用菌广泛用于烹饪中。中国是世界上食用菌的主要生产国，年产量超过 4 000 万吨，占全球产量的 70% 以上。食用菌是中国第五大农产品，仅次于粮食、油料、蔬菜和水果。

然而，常见食用菌种类的蛋白质含量在 10%～45%，低于本报告中所分析的其他类别。食用菌子实体的生长速度与菌丝体和其他细胞较小的类别相比明显缓慢。某些珍贵的食用菌菌丝体生长速度缓慢并且需要特定的生长因子，栽培难度很大。食用菌子实体大部分可直接用于食品消费，少部分进行生产加工，因此，在生产加工链中的蛋白质资源的残余很少。

食用菌味道鲜美、质地脆嫩、脂肪低热量低，富含蛋白质、氨基酸、多糖和矿物质。此外，许多品种还含有完全蛋白质和多种对健康有益的成分，包括一些抗炎、抗氧化、抗糖尿病和增强免疫力等活性因子。在无需占用大量土地生产的情况下为肉类替代品提供了出色的原料选择。

灵活多样的选择和对土地资源需求低是培育食用菌进行蛋白质生产的主要优势。许多菌类可以方便地利用农业废弃物作为碳源和氮源进行栽培，几乎不需要昂贵的生长因子，但特定类别例外。

培育食用菌用于蛋白质生产的另一显著优势为监管门槛低。使用微生物生产食品的主要障碍之一在于获取监管许可，不仅不同地区的监管要求各不相同，而且获批流程耗时长。而食用菌在食品消费传统中有着悠久历史，其中许多已经被默认为拥有"传统食用习惯"。因此，如果不提取蛋白的话，它们无需获取国家卫生健康委员会的"新食品原料"批准。

产量高的食用菌受消费者喜爱，往往风味质构较好，因此，本报告着重分析了产量较高、蛋白含量高的几种，如香菇、黑木耳、平菇、茶树菇、秀珍菇、滑菇、真姬菇、银耳、大球盖菇等。有一些蛋白含量高达 50% 左右，如灵芝、松茸等，但因为其生长速率慢、培养基中需添加生长因子等问题，没有列入深入调查的范围。

生产

据中国食用菌协会统计，2022 年中国食用菌总产量为 4 222.54 万吨，总产值高达 3 887.22 亿元，近年来年均复合增长率约 5.89%。食用菌产品年出口数量 68.25 万吨、创汇金额 31.52 亿美元，主要产品为加工品，如罐头、菌丝等。生产量超过 300 万吨的主要省份是河南、福建、黑龙江、河北和山东。大多数菌菇来自小农业生产者，工厂化生产的食用菌仅占总产量的 25% 左右。

品种方面，2022 年产量过 100 万吨的依次是香菇 1 295.48 万吨、黑木耳 749 万吨、平菇 615.67 万吨、毛木耳 223.07 万吨、金针菇 202.54 万吨、双孢蘑菇 157.25 万吨、杏鲍菇 151.55 万吨。

野生食用菌由于栽培条件限制，不能人工养殖。国内野生菌产量排名第一的是云南省，年自然产量高达 50 万吨，占全国的 70%。在云南已报道的大型真菌有 2 700 余种，占全国的近 60%，主要有松茸、牛肝菌、松露、鸡油菌、干巴菌、鸡枞、青头菌、红菇、奶浆菌等 10 余个品种。

食用菌子实体主要产品为干制、盐渍、罐头、速冻等初级加工品，少量作为休闲类食品、调味类食品、方便调理类食品等进入市场[72]。主要产品类别为食品、药材、保健食品等。

食用菌菌丝体产能受限于实验室规模，为了实现商业化生产，必须将其放大到工业实践中。现有文献并没有统计年产量。

菌丝体也被用于生产各种包装材料、家具材料、建筑材料及合成皮革材料，这些材料是在受控环境和工艺中培育的。食药用菌菇菌丝体通过固化和鞣制技术加工而成。食药用菌菇及其菌丝体的生产和开发涉及各种产品类型，包括胶囊、粉末、喷剂、糖浆和茶。在食品领域，有些公司直接利用菌丝体制作肉类替代产品。此外，菌丝体也被用于动物饲料生产及作为农业废弃物被用于某些发酵过程[73]。

中国的食用菌产业化始于上海，并已扩展到全国许多省份。工业化生产快速增加食用菌产量，且设备成本相对较低。主要的变动成本包括四大部分：原材料、人工费用、制造费用和包装费用。工厂选址通常取决于诸如当地劳动力成本和培育材料价格等因素。目前，金针菇是工业生产中产能最高的品种，全国产能每天超过 4 500 吨。生产食用菌子实体的龙头企业有上海雪榕生物科技股份有限公司、上海丰科生物科技股份有限公司、天水众兴菌业科技股份有限公司、江苏华绿生物科技股份有限公司、福建万辰生物科技集团股份有限公司。

栽培

食用菌在利用农业废弃物作为原料方面具有显著优势，不仅增强了成本效益，还通过循环利用和再利用增加了生态价值。

食用菌根据其培养所需原材料可分为草腐菌和木腐菌，两者均可以利用农林废弃物作为培养基。草腐菌主要使用作物秸秆、玉米芯和麸皮，需要在接种前进行堆肥发酵[74]，木腐菌主要利用阔叶树木屑和棉籽壳进行栽培。

目前，相关研究已经开始探索利用其他农业废弃物[75]，包括纯木薯废弃物（木薯秆和木薯酒精渣）[76]、扇贝壳[77]及中药残留物[78]等。

传统的栽培方法可利用果园空间和农作物秸秆等作为原料在果树间隙中进行栽培。近年来，工业化栽培越来越普遍。通过控制温度、湿度和二氧化碳通量，生产不受自然条件限制。一些工厂每天的产能可达数百吨。典型的工业化食用菌种植情景下的生长过程见图 29。

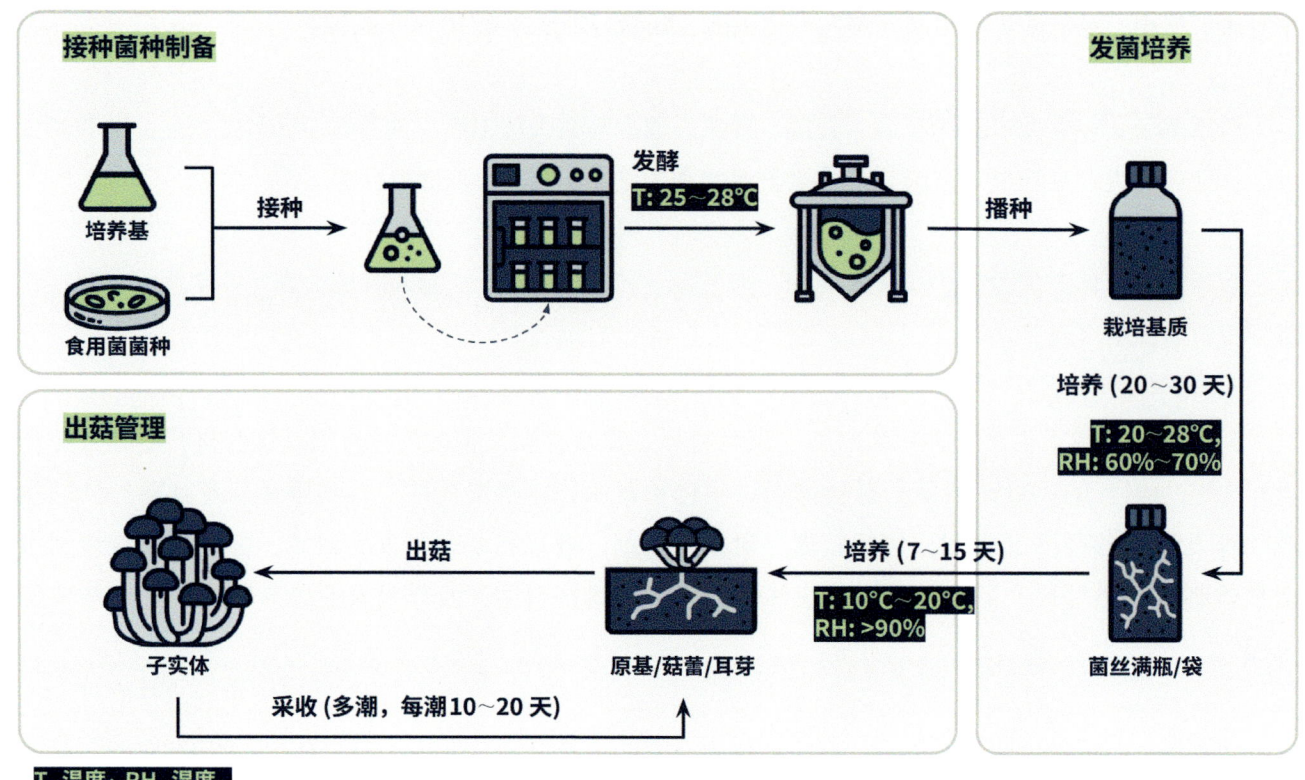

图 29　食用菌的典型种植过程 [79, 80]

如图 29 所示，液态菌株在 25～28℃的生物反应器中发酵。在完成微生物准备过程后，接种含有菌丝体的培养基到装有基质的瓶子或袋子中。

菌丝体生长在无菌、温度控制、湿度控制和二氧化碳浓度控制的条件下，直到菌丝充满培养瓶。由于在接种过程中蘑菇菌株是在培养瓶口接种的，菌丝体从瓶口逐渐向底部生长，直至充满整个培养瓶。在此期间，温度为 20～28℃，湿度为 60%～70%。这个过程通常需要通过固态发酵进行 20～30 天。

当菌丝充满瓶子或袋子时，将其移入出菇房，控制设施温度为 10～20℃、湿度超过 90%。在这里，菌丝体分化为原基、菌盖或耳芽，通常需要 7～15 天。在原基出现后的 10～20 天内，第一批子实体就可以收获。随后，它们可以被收获 1～3 次（每次称为一"潮"），每次收获时间间隔为 10～20 天。

总的来说，子实体可在 1～5 个月内收获，而菌丝只需 7～15 天即可收获。生长速率可以通过菌丝生长速度（厘米/天）、菌丝满袋天数、出耳（出现原基）时间、采收时间（每潮间隔）等来评估。

蛋白质和氨基酸

不同食用菌的氨基酸组成及营养价值差异大，大部分为半完全蛋白质，含有所有必需氨基酸组分，但某些蛋白质却比 FAO/WHO 的评分标准低。有些食用菌氨基酸组成比例合适，甚至接近标准蛋白质（全鸡蛋模式）。总的来说，食用菌中甲硫氨酸和胱氨酸均相对过剩，缬氨酸、异亮氨酸、亮氨酸、赖氨酸稍显不足 [70]。

值得注意的是，许多蛋白质含量数据为粗蛋白质含量，其数值相对较高，因为一些非蛋白质物质也含有氮元素，如氨基葡萄糖、壳聚糖和其他细胞壁成分，而这些物质在总氮含量中的比例尚不清楚。

由于食用菌具有独特且广泛的氨基酸图谱，因此，可以与不同的植物蛋白原料进行合理搭配，以优化产品的氨基酸组成。例如，大豆蛋白缺乏甲硫氨酸，便可以与富含甲硫氨酸的食用菌复配，创造出具有完整氨基酸组成的混合产品。

在中国生产和消费最普遍的食用菌菌株的蛋白质水平和氨基酸组成的详细信息可见表6。

感官特性

食用菌拥有丰富多样的口味和香气，从大蒜、椰子和面粉般的味道到黄瓜或水果般的味道，还有独特的菌菇味。食用菌中丰富的风味物质——游离氨基酸、核苷酸、碳水化合物和不饱和脂肪酸是其鲜味的主要来源[81]。

对常用食用菌的描述见下文案例分析（50页）。松茸和牛肝菌以其美味和浓郁的味道而闻名；鸡纵菌口感鲜脆；灰喇叭菌具有新鲜、咸和微甜的味道。有些蘑菇具有令人愉快的甜味、咸味和泥土味，例如，双孢蘑菇、茶树菇、真姬菇和新鲜香菇。此外，木耳、美味牛肝菌、灰树花菌、平菇等食用菌则具有酸、涩、苦的味道。这些差异造就了丰富多样的食用菌品种[82]。

香气

C8挥发性化合物起着重要作用，以香菇为例，其挥发性成分主要包含含硫和八碳的化合物。其中，辛-1-烯-3-醇、辛醇、辛酮和辛-1-烯-3-酮等化合物在定义香菇风味中起着特别重要的作用[83]；二甲基二硫醚、二甲基三硫醚、甲硫基二甲基三硫醚、1,2,4-三硫杂环戊烷和香菇精是香菇的特征风味成分[84, 85]。

味道

由于食用菌中氨基酸含量多且种类丰富，其间会发生许多化学反应，如通过脱氨基、脱羧和氧化等反应产生氨、碳氢化合物、腈、二氧化碳和其他挥发性及非挥发性物质。

食用菌的独特鲜味与下列物质息息相关。

▶ 呈味氨基酸，如谷氨酸和天冬氨酸，其中谷氨酸的鲜味最强，是重要的鲜味剂，并且有较高的营养价值[86]。然而，不同品种之间存在显著差异。各菌菇中甜味氨基酸含量大小顺序为伞菌目＞多孔菌目、木耳目＞牛肝菌目、银耳目、盘菌目＞杯状菌目。

▶ 鲜味核苷酸，如鸟苷酸（GMP）、肌苷酸（IMP）、黄苷酸（XMP）和腺苷酸（AMP）。

▶ 除了含有鲜味肽外，食用菌中还富含浓香肽，能够增强其鲜味。这些鲜味肽不仅赋予了食用菌独特的鲜味，还能作为挥发性风味物质的前体。它们与糖醇类、脂肪酸等前体物质发生美拉德反应或自身降解时，会产生出多种挥发性风味物质，进一步丰富了食用菌的特殊风味[87]。

据报道，菌丝体可能具有较低水平的游离氨基酸和呈味 5'- 核苷酸，这是由于菌丝体和子实体的不同发酵方法导致的。

一些异味可能源自疏水性氨基酸所带来的苦涩味道，包括苯丙氨酸、色氨酸、亮氨酸、异亮氨酸、组氨酸、缬氨酸、脯氨酸、丙氨酸、色氨酸、甘氨酸、精氨酸和甲硫氨酸[88]。常见食用菌中的限制性氨基酸如表 6 所示。此外，在挤压和加热等加工过程中，可能会发生一些化学反应，进而产生更多苦涩和异味的物质。各种化合物，包括可溶性糖、多元醇、氨基酸和肽，存在有效掩盖蘑菇原有苦味的可能性，将能够增添其独特而自然的风味。

质地

食用菌天然的嚼劲性质使它们非常适合作为植物肉的原料。食用菌富含膳食纤维，有助于改善产品质地、稳定性、乳化、增稠和凝胶化等各种物理特性[89]。在植物肉生产中，用食用菌替代通过挤压工艺生产的大豆组织蛋白，能显著提高植物肉的感官品质[90]。

食品安全风险

部分食用菌具有毒性，尤其是一些野生菌含有毒蕈碱、肽类等有毒成分，这些毒性成分摄入人体后会造成很大损伤。大多数毒蘑菇属于伞菌目、牛肝菌目、红菇目（担子菌门）和盘菌目（子囊菌门），具有能形成肉质子实体的共同特征。根据主要临床特征，可将蘑菇中的毒素分为 6 类：细胞毒性型、神经毒性型、肌毒性型（横纹肌溶解）、代谢紊乱型（包括内分泌紊乱型及相关毒性）、肠胃刺激型及混合型（对蘑菇的各种不良反应与红菇目的某些特定毒性相关）[91]。与大豆、小麦和牛奶等典型过敏原不同，食用菌引起的过敏并不常见。常见有毒蘑菇产生的毒素的化学结构如图 30 所示。

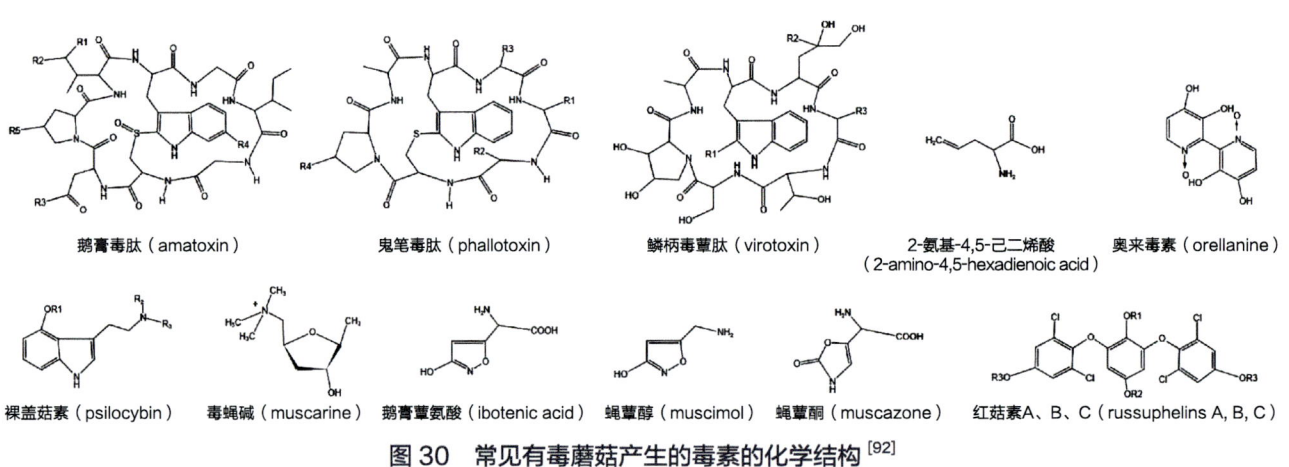

图 30　常见有毒蘑菇产生的毒素的化学结构[92]

细胞毒性蘑菇

此类蘑菇主要攻击肝脏和肾脏，含有会导致肝肾损伤的鹅膏蕈碱（amanitin）、氨基己二烯酸（amino hexadienoic acid）和奥米毒素（orellanine）等[93]。奥米毒素为丝膜菌属真菌，是肾脏毒剂，在摄入后 1~2 周内会出现迟发性肾衰竭症状。鹅膏菌属物种，尤其是太平洋西北地区较为常见的史密斯鹅膏，含有可导致肾中毒的累积二烯正亮氨酸。典型表现包括会在 12~24 小时演变为肾损伤的急性肠胃炎。虽然有些患者可能需要进行血液透析，但大多数误食者可在接受适当支持性治疗后完全康复。

神经毒性蘑菇

含有神经毒性的蘑菇会引发神经系统兴奋反应，包括伞菌属、杯伞菌属、丝盖伞属、光盖伞属和裸盖属等伞菌目的物种[91]，会产出裸盖菇素（psilocybins）、毒蝇碱（muscarine）和异噁唑（isoxazoles）等毒素。一些盘菌目蘑菇，如羊肚菌，生食可引发神经中毒综合征，然而其致病毒素还未得到鉴定。该类蘑菇引发的疾病发作迅速，会在 30 分钟至 6 小时内出现症状。神经毒性综合征可表现为焦躁不安、谵妄、致幻或出现双硫仑样反应。

肌毒性（横纹肌溶解）蘑菇

含有肌毒性（尤其会引发横纹肌溶解症）的蘑菇主要来自红菇属和口蘑属。常见种类包括亚稀褶黑菇、油口蘑和棕灰口蘑。如亚稀褶黑菇中的红菇素（russuphelin）和环丙 -2- 烯羟酸（cycloprop-2-ene carboxylic acid），以及油口蘑中的皂苷内酯（saponaceolide）等毒性物质已经被报道为毒剂。

代谢紊乱（包括内分泌紊乱及相关毒性）蘑菇

尽管临床相似性有限，为方便起见，各种蘑菇被归为一类。例如，可引发双硫仑样反应的蘑菇，毒发症状类似在食用蘑菇后饮用酒精引发的双硫仑反应。相关物种主要属于鬼伞属、墨头菌属和棒柄杯伞属。

营养价值

食用菌是一种营养丰富的食物。它们低脂肪、不含胆固醇，并且富含不饱和脂肪酸（必需脂肪酸亚油酸），不饱和脂肪酸含量可高达 86.4%（亚油酸）。碳水化合物构成其干重的大部分，通常约占 60%，各种糖类占 2%~10%。它们还富含矿物质，尤其是钾、磷、钠、钙和镁（钾的含量尤为突出），以及铜、锌、铁、钼和硒等必需微量元素。

在维生素方面，菌菇富含多种 B 族维生素，包括硫胺素（维生素 B_1）、核黄素（维生素 B_2）、烟酸（维生素 B_3）和泛酸（维生素 B_5）。暴露在阳光（主要是紫外线）下可以刺激蘑菇产生维生素 D。它们还含有类胡萝卜素（维生素 A 的前体），以及少量维生素 C，但缺乏维生素 A 和维生素 E。

此外，食用菌的细胞壁富含葡聚糖，是膳食纤维的重要来源。例如，金针菇在常见菌菇中纤维含量最高，为 137.2 克 / 千克[69]。

生物活性成分

食用菌含有各种次生代谢产物[94]，其中一些是生物活性物质，可以被用作保健品。

氨基酸

食用菌中的药用氨基酸含量丰富。其中，伞菌目的 12 个物种含量最高，其次是多孔菌目、牛肝菌目、灵芝目、木耳目、银耳目和鹅膏目。香菇、杏鲍菇、白蘑菇、蘑菇、金针菇等含有的药用氨基酸比例超过 66%，超过了冬虫夏草、枸杞、石斛和人参等传统中药材。

功能性多糖

在香菇、木耳和灵芝等菌菇中发现的多糖具有多种对健康有益的物质，包括抗肿瘤、免疫调节、抗炎及管理糖尿病和缓解功能性便秘等。

酚类化合物

如没食子酸、儿茶素、咖啡酸、芦丁、槲皮素、鞣花酸和对香豆酸，具有抗氧化活性。

腺苷

腺苷能为心血管系统、代谢调节、抗肿瘤及心脏病和心绞痛的管理提供各种益处。

益生元

菌菇中发现的益生元可以独立作用于消化刺激肠道蠕动。此外，某些菌菇多糖可以被肠道菌群分解，成为特定菌群的能量来源，从而促进它们的生长并产生有益化合物。

其他成分

聚酮类、萜类化合物、萜类化合物和类固醇，如麦角甾醇。

案例分析

香菇（*Lentinula edodes*）

年产量	1 290 万吨。
氨基酸评分	77.45。
蛋白质含量	10%～20%。
菌丝生长速率	0.3～0.45 厘米 / 天。
感官风味描述	生蘑菇味、果味。
特点	中国最流行的食用菌。香菇必需氨基酸指数较高，含有丰富的鲜味氨基酸，风味独特[95]。香菇中含有抗肿瘤的香菇多糖（lentinan），以及降低血脂、抗病毒的香菇腺嘌呤。

双孢蘑菇（*Agaricus bisporus*）

年产量	157 万吨。
氨基酸评分	77.66。
蛋白质含量	25%～40%。
菌丝生长速率	0.22 厘米/天。
感官风味描述	森林气味、蘑菇味、中等甜味、浓郁的鲜味，具有肉的质感和浓郁的泥土风味。
特点	西方最流行的食用菌。双孢蘑菇含有大量免疫蛋白，富含膳食纤维、不饱和脂肪酸、易消化蛋白质、甾醇、酚类和吲哚化合物，以及维生素 D_2、维生素 B_1、维生素 B_2、维生素 B_6、维生素 B_7 和维生素 C 等。

秀珍菇（*Pleurotus geesterani*）

年产量	64 万吨。
氨基酸评分	88.18。
蛋白质含量	35%。
菌丝生长速率	1.19～1.22 厘米/天[96]。
特点	中国是秀珍菇的主要生产国，产量约占全球的 80%。其蛋白含量较香菇、双孢蘑菇更高；苏氨酸、赖氨酸、亮氨酸等含量充足。具有抗氧化、抗肿瘤等多种药理作用，是一种优质的食用菌蛋白来源。

杏鲍菇（*Pleurotus eryngii*）

年产量	152 万吨。
氨基酸评分	48～75。
蛋白质含量	17.5%[97]。
菌丝生长速率	0.56～1.2 厘米/天[98]。
特点	杏鲍菇营养丰富，富含蛋白质、碳水化合物、维生素，以及钙、镁、铜、锌等矿物质，可以提高人体免疫功能，对人体具有抗癌、降血脂、降血糖的功能[99]。其中胃饥饿素（ghrelin）有控制饥饿感的功效[99]。

真姬菇 / 鸿禧菇 / 蟹味菇（*Hypsizygus tessulatus*）

年产量	55 万吨（2022 年）。
氨基酸评分	86.6。
蛋白质含量	20%。
菌丝生长速率	0.4 厘米 / 天。
感官风味描述	真姬菇菇体肥厚，口感细腻，脆嫩鲜滑。泥土味 / 马铃薯味、发酵味、蘑菇味、鱼腥味、苦味、甜味芳香味、涩味。
特点	真姬菇以其丰富的营养价值和独特的风味而闻名。其活性化合物，如糖蛋白，具有抗肿瘤和抗炎作用。一种新型的真菌免疫调节蛋白（FIP）被鉴定为 FIP-hma，在巨噬细胞中具有免疫调节活性 [100, 101]。

羊肚菌（*Morchella esculenta*）

年产量	<50 万吨（2022 年）。
蛋白质含量	10%～25%。
感官风味描述	腐殖泥土味、潮湿泥土味、发霉 / 潮湿味、蘑菇味、木质味、棕色味、鲜味、苦味、甜味芳香味、涩味。
特点	羊肚菌是一种药用菌，质地好，有进一步开发肉类替代品的潜质。然而蛋白含量偏低，必需氨基酸含量比例高低不一，氨基酸模式与人体蛋白质氨基酸模式和全鸡蛋模式差别较大。

茶树菇（*Cyclocybe aegerita*）

年产量	88 万吨（2022）年。
氨基酸评分	87.77。
蛋白质含量	33.54%。
特点	氨基酸评分在大多数常见食用菌中排名第一。

猴头菇（*Hericium erinaceus*）

年产量	<50万吨（2022年）。
蛋白质含量	21%。
感官风味描述	泥土味/马铃薯味、发酵味、蘑菇味、鲜味、酵母味、苦味、甜味芳香味、涩味。
特点	蛋白含量在食用菌中排名靠前，也是一种药用菌。生物活性成分：多糖、甾醇、糖蛋白、酚类和挥发性化合物[102]。

优势与限制性因素

食用菌的味道鲜美、质地脆嫩，因此，受到消费者的高度青睐。此外，它们还可以利用农业废弃物作为原料，因此，生产中碳排放较低，原材料成本也较低。在法规方面，如果技术能够实现直接将食用菌蛋白应用于食品中而无需提取，那么在中国可能不需要额外的审批。除了诱人的口味外，食用菌还具有各种健康益处和优异的氨基酸组成，可以补充来自其他微生物或农作物的蛋白质。此外，它们的培养条件相对简单，且需要的基础设施投资较低。

然而，与其他类型的真菌，如菌丝真菌、酵母和微藻相比，食用菌的蛋白质含量相对较低。此外，培育时间较长是食用菌的另一大劣势，建议选择蛋白质含量更高、生长速度更快的菌株。同时也建议探索优化制造工艺，例如，尝试不同的培养基、生长条件、温度和pH，以增强菌丝体的生长而非子实体的生长。

此外，对食用菌蛋白质的凝胶、起泡、持水性和挤压等加工功能进行更深入的研究将有助于配方的制定。由于其天然的丝状结构，建议开发低温非挤压方法，以防止在挤压过程中温度达到140～180℃时发生蛋白质变性而产生异味和不良颜色。菌丝体具有有嚼劲的质地优势，可加以利用这一优势实现植物基肉类替代产品的纤维状结构。

 酵母

简介

早在公元前 2500 年，酿酒酵母就被用于制作面包和饮料。传统工艺中，许多发酵食品都是由酵母制作的，例如，面包、啤酒、葡萄酒和烈酒等酒精饮料。早在 1967 年，工业上就开始生产利用圆酵母（*Candida utilis*）制作的汤类产品。酿酒业的副产品圆酵母和酿酒酵母都是常见的膳食补充剂[103]。

此外，酵母也是用于蛋白表达的优秀底盘细胞，在精密发酵中得到了广泛应用。最常用的酵母表达系统是酿酒酵母（*Saccharomyces cerevisiae*），其次是毕赤酵母（*Komagataella pastoris*）。

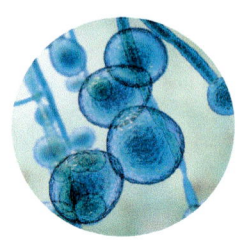

生产

2021 年中国酵母及其相关制品总产量为 44.6 万吨，消费量为 30 万吨，发酵规模高达 8 万升[104]。活性酵母占比最高，达 60% 以上；其次是烘焙酵母、酿酒酵母和酵母提取物[105]。

安琪酵母是中国酵母生产的领先企业。作为唯一 A 股上市的酵母公司，安琪酵母国内市场占有率约 60%，在全球占比超过 15%。其他国际领先酵母生产商包括乐斯福和英联。在 2023 年，安琪酵母成功开发酵母蛋白，率先获得中国"新食品原料"的批准。

 小知识点

精密发酵是将目标蛋白质的基因序列工程化到微生物中，然后在大型发酵罐中培养这些菌株，以产生所需的蛋白质。这项技术在生物技术领域已经使用了几十年。它以前被称为"重组蛋白生产"，多用于疫苗和药物，例如，胰岛素[106]。著名案例 Impossible Burger 中的大豆血红蛋白就是由酵母精密发酵制成的[107]。

发酵培养

酵母是一种异养真菌，主要利用糖蜜作为碳源，糖蜜来源于甘蔗或甜菜糖的副产品。酵母还可以发酵甘蔗渣和叶片。常见的氮源是铵盐、氨水或无水氨。

小知识点

糖蜜（糖业的副产品）含有 45%～55% 的发酵糖，包括蔗糖、葡萄糖和果糖。技术上，糖蜜是最终结晶阶段的剩余糖浆，通过进一步结晶无法提取更多的糖分。通常，100 吨甘蔗可生产 10～11 吨糖和 3～4 吨糖蜜，而 100 吨甜菜则产生 11～12 吨糖和 4～6 吨糖蜜。糖蜜的价格约为 1 600 元 / 吨。

酵母发酵还需要各种必需营养素、矿物质和维生素。生产过程中所需的氮源通常来自原料中添加的铵盐、氨水或无水氨。另外，还会以磷酸或磷酸盐和镁盐的形式为其添加磷酸盐和镁。生物素、肌醇、泛酸和硫胺素等维生素也是酵母生长所必需的。

酵母发酵需要控制氧气和温度。发酵后，进行分离、清洗和过滤。其生产流程与所有 SCP 的流程相似。

酵母的生长速率比菌丝菌和微藻要快。酿酒酵母的对数生长期为 8～30 小时，30 小时即可达到最高值[108]。

蛋白质和氨基酸

酵母含有约 50% 的蛋白质和 30% 的碳水化合物。某些物种（如 *C. lipolytica*）在特定的发酵条件下蛋白含量高达 70%[109]。酵母蛋白的氨基酸组成符合人体营养需求，达到了 FAO/WHO 推荐的理想蛋白必需氨基酸的标准。其中赖氨酸含量特别丰富，可作为谷物中的蛋白质补充剂。

感官特性

酵母提取物含天然谷氨酸，这是一种"鲜味"氨基酸。同时，酵母中也含有一些苦味和令人不悦风味成分。

生物活性物质

酵母可产生多种生物活性物质，如有机酸、抑菌肽、抗氧化肽和酚类等，具有抑菌、抗氧化能力。

优势与限制性因素

酵母生产效率高、生长速率快且蛋白含量高。酵母蛋白是中国首个获得批准的单细胞蛋白。此外，目前对酵母蛋白表达的广泛研究为生物质发酵与精密发酵的结合铺平了道路。这种方法可以生产出达到理想蛋白质和其他成分（如天然色素和风味物质）组合的创新原料，如 Impossible Burger 中大豆血红蛋白，特别适用于肉类替代品。

然而，酵母的生产受限于碳源（甘蔗、甜菜）供应的季节性和周期性，这对酵母生产行业产生了显著影响。此外，酵母的苦味和浓烈的风味可能会影响其受欢迎程度。

微藻

简介

微藻具有将二氧化碳或铵离子等小分子转化为大分子蛋白质的能力，拥有高生长速率并能够进行高效的光合作用，能够高效生产蛋白质或脂质[110]。

微藻的大规模培养始于20世纪50年代，1952年微藻从实验室环境过渡到大规模培养是重要里程碑。20世纪60年代初，日本开始了小球藻的大规模培养；20世纪80年代，墨西哥和泰国分别建立了螺旋藻和小球藻的大规模培养新模式。随后，日本、澳大利亚、以色列、美国、巴西和中国等国家也开始了微藻的工业化养殖。近年来，微藻已被广泛应用于水产养殖、营养保健品、功能化妆品、药物、生物能源、废水废气净化甚至食品及生命支持系统（life support system，LSS）等领域[110, 111]。

生产

中国已成为世界上最大的微藻生产国。自20世纪60年代以来，微藻已开始商业化生产。螺旋藻、小球藻和红球藻的年产量（干重）分别约为1万吨、2 000吨和400吨。然而，总年产量（干重）仅略超过1万吨，远低于真菌的产量[112]。

螺旋藻、盐生杜氏藻、湖泊红球藻（原名雨生红球藻）、蛋白核小球藻、球状念珠藻（葛仙米）、拟微球藻、莱茵衣藻是在中国获批的微藻"新食品原料"。主要用于生产蛋白、多不饱和脂肪酸、β-1,3-葡聚糖和β-胡萝卜素。其规模化生产主要采用光自养培养。

目前，微藻主要作为膳食补充剂和生产DHA藻油、虾青素等各种活性物质的细胞工厂。事实上，微藻的蛋白含量通常高于其油脂含量，而微藻蛋白在食品应用方面的潜力仍未得到充分开发[113]。常见的商业化微藻品种及其主要应用见表7。

全球范围内，微藻产业的主要企业有日本的DIC Corporation、美国的Cyanotech Corporation、以色列的Algatech和澳大利亚的TAAU Australia等外国企业。国内的领头企业有云南绿A生物工程有限公司、福清市新大泽螺旋藻有限公司、北海生巴达生物科技有限公司和东台市赐百年生物工程有限公司等。据不完全统计，中国目前有130多家微藻及相关企业，分布在21个省份，其中内蒙古数量最多，其次是云南、江苏、山东、广东、海南、湖北和浙江等地。根据欧洲藻类物质协会的数据，全球有超过2 000家企业从事微藻生产或加工。目前，中国拥有近70家螺旋藻工厂，养殖总面积约750万平方米，年产量超过9 000吨，占据国际市场的60%以上，成为螺旋藻的主要生产国。这些螺旋藻工厂主要生产螺旋藻粉并出口到日本、西欧、美国和泰国等国家和地区。

表 7　常见的商业化微藻品种及其主要应用

中文名	学名	主要应用	蛋白含量
钝顶节螺旋藻	*Arthrospira platensis*	藻蓝蛋白	60%～70%
极大节螺旋藻	*Arthrospira maxima*	藻蓝蛋白	60%～70%
蛋白核小球藻	*Auxenochlorella pyrenoidosa*	蛋白质	55%～65%
盐生杜氏藻	*Dunalialla salina*	β-胡萝卜素	38.80%
莱茵衣藻	*Chlamydomonas reinhardtii*	蛋白质	46.90%
纤细裸藻	*Euglena gracilis*	β-1,3 葡聚糖	40%
湖泊红球藻（原名雨生红球藻）	*Haematococcus lacustris*（易与 *H. pluvialis* 混淆）	虾青素	20%～30%
迦得拟微球藻	*Nannochloropsissp gaditana*	EPA	40%
裂殖壶菌	*Schizochytrium* sp.	DHA 藻油	15%
吾肯氏壶菌	*Ulkenia* sp.	DHA 藻油	—
球状念珠藻	*Nostoc sphaeroides*	蛋白质，氨基酸	>32%
寇氏隐甲藻	*Crypthecodinium cohnii*	DHA 藻油	—

发酵培养

与食用菌、霉菌和酵母等异养生物（即无需光合作用）不同，微藻具有利用空气中的二氧化碳作为碳源的能力。

微藻发酵主要有 3 种方式：自养、异养和混合营养。在中国，大多数大规模微藻培养采用光合自养方式，也有少数采用兼性异养方法。在自养培养方式中，微藻的生长速率不及酵母或真菌菌丝体。发酵过程在开放式池塘培养系统或生物反应器中进行[114]。自养培养需要补充二氧化碳、使用全光谱或红蓝混合光波的光照及控制温度。异养生长通常在传统不锈钢发酵罐中进行，需要添加糖类、甘油或有机酸等有机碳源[115]。

尽管目前大规模培养主要采用自养方式，但一些研究表明，在传统发酵罐中异养蛋白质丰富的微藻（如小球藻）可以实现高达自养方式 80 倍的生物质密度[116]。也有研究表明，与仅依赖光合作用或异养方法相比，采用兼养培养的微藻生物质生产率更高。然而，还需要进一步研究如何保持微藻光合作用和呼吸作用之间的平衡[117]。目前，主要由异养微藻如寇氏隐甲藻等生产的 DHA 藻油已在国内外实现工业化，并成功应用于保健品和婴儿食品中[118, 119]。

物化特性

对微藻蛋白的分离和提取研究相对较多。由于大部分蛋白质存在于微藻细胞内，因此，存在多种破碎技术来提高其提取效率。一旦微藻细胞被破碎，蛋白质便可被提取、浓缩、分离或纯化，从而可以生产出多种不同的产品[110]。在食品加工中，微藻主要以粉状和液态形式使用，常见于面条和乳制品中。

微藻蛋白的加工特性是几种SCP中研究较多的，但仍然非常有限，而且不同微藻种类之间的差异很大。研究表明，一些微藻蛋白具有优异的起泡、乳化和稳定性能，并显著优于大多数植物蛋白[120]。螺旋藻和小球藻蛋白的溶解性比许多其他来源的蛋白质更好，乳化性与乳清蛋白和大豆蛋白相当。在起泡性方面，微藻的蛋白质提取物甚至可以产生比乳清蛋白更稳定的泡沫[121]。

蛋白质和氨基酸

高蛋白微藻品种含有高达70%的粗蛋白，是蛋白含量最高的微生物之一。与其他SCP相似，微藻蛋白的氨基酸组成比大多数植物蛋白都要优秀。甲硫氨酸和半胱氨酸含量略低于WHO/FAO的参考值。

感官特性

微藻通常具有浓郁的颜色（深绿色）（图31）和腥味，这限制了它们在食品产品中的使用[122]。

图31 与0~10%螺旋藻混合的酸面团的外观[123]

食品安全风险

目前，关于微藻潜在毒性和致敏性的研究数据仍非常有限，根据现有研究数据来看，某些微藻（如甲藻、硅藻和蓝藻）会产生毒素[124]，但微藻蛋白不是强致敏原且具有物种特异性。有报道表明，一些易过敏体质的人对螺旋藻有过敏反应，而极少或没有人群对小球藻源蛋白质过敏[125]。

营养价值

一些微藻（如红球藻和螺旋藻）含有丰富的类胡萝卜素和维生素，营养价值高。研究发现，螺旋藻含有大量的维生素A、维生素B_1、维生素B_2、维生素B_{12}和维生素E。然而，一些研究表明，螺旋藻产生的维生素B_{12}因其结构特殊可能不容易被人体吸收[126]。此外，与细菌和酵母等其他SCP来源相比，微藻蛋白的核酸含量较低。

生物活性物质

微藻内含有大量的生物活性物质，如酶蛋白、多肽、藻多糖、β-胡萝卜素、岩藻黄素与虾青素等，有抗病毒、抗菌、抗肿瘤及诱导生物调节（如免疫强化和抗炎性疾病）等作用。

优势与限制性因素

优势

微藻可以进行光合作用，这为生产蛋白和生物燃料提供了一个气候友好的解决方案。通过利用阳光作为能源，微藻能够固定二氧化碳并释放氧气，从而减少二氧化碳排放并缓解温室效应。

此外，中国已批准了多个微藻品种，其中一些品种具有较高的蛋白质含量，如螺旋藻和小球藻，可以达到70%的粗蛋白。即使考虑到一些测量方法可能无法完全反映蛋白质含量，粗略估计约50%的蛋白质水平仍然非常高。

微藻天然富含的某些类胡萝卜素、DHA和维生素，具有独特的营养价值和生物活性成分。一些微藻还含有虾青素、叶绿素和藻蓝蛋白等天然色素，呈现红色、绿色和蓝色。尽管在应用于替代鸡胸肉等浅色产品时可能会有困难，需要去除，但这些天然色素可以作为着色剂，用于调整产品颜色。

限制

微藻的生长速率偏慢，比酵母慢数倍，因此，产量低。另外，微藻的规模化养殖尚不成熟，存在光自养模式占地面积大、环境因子难以控制、二氧化碳补加困难、收获成本高、易被其他生物污染、产品质量不稳定等挑战。需要要进一步探索影响微藻生长的各种因素，调整培养方式，设计合适的（光）生物反应器以降低设备和培养成本，但实现以上这些优化构想的技术难度相对较大[111, 114]。此外，微藻的色素和藻腥味较难去除，限制了其在产品上的广泛应用。

微生物部分总结与讨论

微生物蛋白质资源的优势和挑战如表8所示。

表8 微生物蛋白质资源的优势和挑战

项目	优势和挑战
生产效率	👍 高生长率
	👍 高蛋白含量
	👍 蛋白质生产效率更佳
环境依赖性	👍 受气候条件影响小
	👍 所需土地资源极少

续表

项目	优势和挑战
适应性	👍 更容易进行基因修饰
废弃物循环	👍 利用低成本的碳源和氮源
安全性	👎 需要毒理学分析明确安全性 👎 核酸含量高导致潜在安全隐患（中风）
口味/风味	👎 苦味或不愉悦的风味（气味和滋味）
产业链	👎 产量低 👎 产业链不成熟
共同缺点（与农作物蛋白）	缺少在蛋白加工特性、加工过程中风味物质和质构变化的研究 监管挑战（蛋白提取物）

微生物与农作物相比具有更快的生长速度，受气候条件影响较小，需要的土地极少，并且可以在受控环境中进行短期大规模生产。它们的蛋白含量也显著更高，能够高效合成蛋白质。微生物可以利用廉价的碳和氮源，包括农业副产物和工业副产物等可再生饲料来源，而不会直接与农业和林业竞争资源。

考虑到中国拥有较高的食用菌产能和完善的产业链，建议大规模发展食用菌菌丝蛋白生产。菌丝体有天然的纤维状质构特性，并且能利用农业废弃物作为唯一营养源，对循环经济和绿色生物制造大有裨益，可以进一步评估食用菌菌丝蛋白生产的生命周期来揭示它们对环境的有益影响。

共同发酵有很大潜力。将农业废弃物、发酵工业中的废弃物与高蛋白微生物联合发酵，有望为新型蛋白质成分带来创新，如用酵母发酵的残留液作为营养物质来培养菌丝体的研究表明，这样的营养源能产生更优质的产物。

同时，尽管由于法规原因，报告中没有过多讨论转基因微生物的路径，但微生物的基因改造更容易，可以定制所需的营养成分、生长速率、酶活性、风味和质地特性。工程菌在全球范围内具有很大的潜力，尤其是在精密发酵方面，不常见的菌株也可能带来有益的结果。

有关风味、加工特性、潜在安全风险和微生物生物质中高核酸含量等问题仍需进一步探索。此外，微生物可能受到有毒材料和污染物的污染，可能含有苦味或其他异味成分，其氨基酸组成和可消化性的变异性也是仍需解决的问题。

对微生物蛋白的营养成分、活性成分和蛋白质加工特性都缺乏全面的研究。如果将它们加工成蛋白质提取物，都面临着审批的挑战。

此外，一些细菌中含有高含量的蛋白成分，虽然因为其仍处于研发早期阶段且价值链开发尚不充分而没有被纳入的讨论范围之内，但也值得深入挖掘可利用的菌种。另外，值得注意的是，微生物存在显著的个体差异性，无法做出一般性的结论，因此，需要对于特定菌株进行单独分析。

专栏：新食品原料监管

* 有关部门与流程
* 可用于食品中的新原料
* 案例分析
   * 酿酒酵母与酿酒酵母蛋白
   * 菌丝体与菌丝体蛋白
   * 亚麻（胡麻）籽

有关部门与流程

发展新原料必须要讨论的是法律法规的约束。目前负责新食品原料的主管部门为国家卫生健康委员会食品安全标准与监测评估司。由国家食品安全风险评估中心负责受理及技术评审工作。主要审批流程见图32。主要根据的法规是2013年由国家卫生和计划生育委员会公布的**《新食品原料安全性审查管理办法》**[①]（以下简称《办法》）。

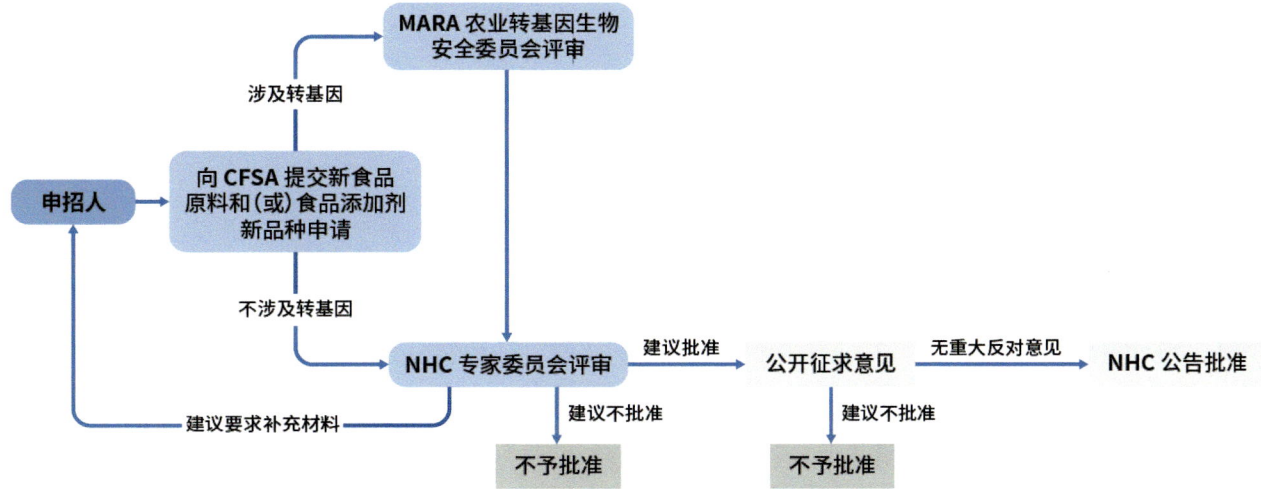

CFSA：国家食品安全风险评估中心 China National Center for Food Safety Risk Assessment；
NHC：国家卫生健康委员会 National Health Commission of the People's Republic of China；
MARA：中华人民共和国农业农村部 Ministry of Agriculture and Rural Affairs。

图32 我国新食品原料、食品添加剂新品种和转基因食品的简要审批流程

（资料来源：冯文熙，大成律师事务所）

小知识点

根据《办法》，新食品原料是指在我国无**传统食用习惯**的以下物品。
▶ 动物、植物和微生物。
▶ 从动物、植物和微生物中分离的成分。
▶ 原有结构发生改变的食品成分。
▶ 其他新研制的食品原料。

其中，传统食用习惯是指某种食品在省辖区域内有30年以上作为定型或者非定型包装食品生产经营的历史，并且未载入《中华人民共和国药典》。

---

① 卫生部2007年12月1日公布的《新资源食品管理办法》于2013年10月1日废止；2018年国务院机构改革，设立中华人民共和国国家卫生健康委员会，不再保留国家卫生和计划生育委员会。

专栏：新食品原料监管

可用于食品中的新原料

多年来，官方根据提交的申请进行审批，新食品原料名录有多次扩充。如有需要申请，具体申请指南可参见官方网站公告。国家卫生健康委员会于 2023 年汇总了 2009—2021 年公告的新食品原料、食品添加剂新品种和食品相关产品新品种（简称"三新食品"）目录[127]。一些非官方网站（如中国经济网、Foodtalks、瑞德伦等网站）上有许多根据官方信息总结的"名录"，汇总了时间范围更广的新食品原料。

建议查询时可参考以下信息来源。

▶ 原卫生部和原国家卫生和计划生育委员会以公告、批复、复函形式同意作为新食品原料（原新资源食品）的名单。
▶ **《可用于食品的菌种名单》**。
▶ 可用于婴幼儿食品的菌种名单。
▶ **《按照传统既是食品又是中药材的物质目录》**，该名单当中的物品，可用于生产普通食品。

值得注意的是，《可用于保健食品的真菌菌种名单》和《可用于保健食品的益生菌菌种名单》不能默认可用于普通食品中，需经过新食品原料审批。

另外，为了构建表达载体，可能需要进行基因编辑或转基因，对于用到转基因（包括基因编辑）技术的转基因作物或微生物须参考国务院颁布的**《农业转基因生物安全管理条例》**以及农业农村部公布的**《农业转基因生物安全评价管理办法》**。目前，我国批准商业化种植的转基因作物仅有棉花、番木瓜、玉米和大豆，批准进口用作加工原料的有大豆、玉米、棉花、油菜、甜菜和番木瓜 6 种作物。

案例分析

酿酒酵母与酿酒酵母蛋白

传统用于生产馒头、面包、酒类等食品的酿酒酵母，于 2001 年经卫生部批准作为可用于保健食品的真菌菌种。然而，这并不代表酿酒酵母蛋白可以作为蛋白生产原料，因为酿酒酵母蛋白需要经过酵母分离、提取才能获得，而规定只允许使用菌体本身。经过单独申请，最近酿酒酵母蛋白获得新食品原料批准。

酒母蛋白是以酿酒酵母（*Saccharomyces cerevisiae*）为菌种，经培养、发酵、离心后收集获得菌体原料，再经去除核酸、离心、酶解、提取、纯化、分离、灭菌、干燥等工艺制成。主要营养成分为蛋白质（≥ 70.0 克 /100 克）、脂肪、膳食纤维和水分等。目前，美国已批准酿酒酵母蛋白作为营养补充剂添加到食品中，欧盟已批准酿酒酵母蛋白作为新食品原料，均未做食用量限定。

根据《中华人民共和国食品安全法》和《新食品原料安全性审查管理办法》规定，国家卫生健康委员会委托评审机构依照法定程序，组织专家对酵母蛋白的安全性评估材料审查并通过。新食品原料生产和使用应当符合公告内容及食品安全相关法规要求。鉴于酵母蛋白在婴幼儿、孕妇和哺乳期妇女人群中的食用安全性资料不足，从风险预防原则考虑，上述人群不宜食用，标签及说明书中应当标注不适宜人群。该原料的食品安全指标按照公告规定执行。

2023 年 12 月，国家卫生健康委员会食品安全标准与监测评估司发布了公告，对酿酒酵母蛋白作为新食品原料详细地进行了解读。

与酿酒酵母相似，农作物与微生物都面临这样的情况：即使作物、菌体本身是可以用在食品中的，但在提取蛋白后，均需通过新原料审批方可用于食品生产中。

菌丝体与菌丝体蛋白

2023 年，威尼斯镰刀菌（*Fusarium venenatum*）TB01 菌株的发酵菌丝体蛋白和杏鲍菇菌丝体都提交了新原料申请。两者得到的批复都是"不予行政许可"。其中，威尼斯镰刀菌 TB01，并非真菌蛋白领先企业 Quron 公司的真菌蛋白（mycoprotein）所使用的 A3/5 菌株[128]，而是中国科学院天津工业生物技术研究所科研人员从天津市滨海新区小麦地的根际土壤中分离鉴定到的一株高蛋白质含量的菌株[129]。此次两种新蛋白原料，即菌丝体和菌丝体蛋白，均未得到批准（图 33）。一些业内人士分析，杏鲍菇菌丝和子实体的营养成分相近，有可能可以认为"实质等同"。而一些学者认为，食用菌的菌丝体和子实体"实质等同"这条路径似乎可能性很小，还有很长的路要走。至于菌丝体蛋白，由于比杏鲍菇菌丝体可能会增加干燥或蛋白提取的过程，因此，可能审批通过难度更大。

 **实质等同**

是指如某个新申报的食品原料与食品或者已公布的新食品原料在种属、来源、生物学特征、主要成分、食用部位、使用量、使用范围和应用人群等方面相同，所采用工艺和质量要求基本一致，可以视为它们是同等安全的，具有实质等同性。

2023年06月20日新食品原料不予行政许可决定书信息送达

2023-06-20

序号	送达时间	受理编号	产品名称
1	2023-06-20	卫食新申字(2023)第0004号	威尼斯镰刀菌TB01菌株发酵菌丝体蛋白
2	2023-06-20	卫食新申字(2023)第0002号	杏鲍菇菌丝体

图33　国家卫生健康委员会对威尼斯镰刀菌 TB01 菌株发酵菌丝体蛋白与杏鲍菇菌丝体"不予行政许可"的批复[130]

在新食品原料中可以查询到的菌丝体为茶藨子叶状层菌发酵菌丝体（图 34）。茶藨子叶状层菌发酵菌丝体来源于茶藨子叶状层菌［*Phylloporia ribis*（Schumach.）Ryvarden］，也称金银花菌，是一种新资源食品，是茶藨子叶状层菌（从金银花植株上分离）经接种培养、发酵、干燥、粉碎等步骤制得，其主要用途非蛋白质生产。

公告号	产品名称	适用标准
2013 年第 1 号	茶藨子叶状层菌发酵菌丝体	铅（Pb）≤1.0 mg/kg，镉（Cd）≤2.0 mg/kg，甲基汞（Hg）≤0.1 mg/kg，无机砷（As）≤0.8 mg/kg

图 34　新食品原料名录中的茶藨子叶状层菌在国家卫生健康委员会官网公告截图

亚麻（胡麻）籽

2016 年，曾有市民因购买到添加亚麻籽的食品，而把供货商告上法庭。北京市法院认定亚麻籽不适宜作为普通食品原料，也不属于传统的食品兼中药材，该事件曾引起争议。2017 年国家卫生和计划生育委员会通报直接食用的亚麻籽适用 **GB 19300—2014《食品安全国家标准坚果与籽类食品》**标准，并附件描述了食用亚麻籽的研究情况，认为亚麻籽导致食物中毒的概率比较低，但仍然建议在标签标示"熟制后食用"等类似消费提示。这项调查和公告推进了亚麻籽作为食品中原料的可能性，尤其对于亚麻籽蛋白的发展有积极意义。

局限性与建议

* 需要相关政策与法规支持
* 大力发展菌丝体
  * 培养基投料优化
  * 从传统食物中分离培养菌株
  * 利用纤维状质地
  * 扩大化和自动化生产
* 复合发酵
* 蛋白特性评估和优化
  * 营养特性评估
  * 物化特性评估
  * 感官特性评估
  * 蛋白分离提取
* 菌株培育和生物过程优化
  * 菌株培育
  * 生物过程优化

以下局限性分析与建议仅针对本报告中分析的新型蛋白资源，并不适用于已经商业化的大豆、豌豆蛋白等。

总的来说，无论是源自农作物还是微生物发酵生产的新型蛋白资源，其商业化和生产都处于初级阶段。蛋白质原料通常是其他产品的副产品，蛋白质提取和分离的价值链尚未得到充分发展。同样，关于蛋白质营养特性、感官特性、物化特性、蛋白分离提取方法研究信息少，报道零散。特别是对霉菌等微生物，需进一步进行毒理性研究才可了解是否能应用于食品。

对于未来的研发工作，建议回收利用油脂和制糖生产中产生的废弃物（包括残渣），特别是在本报告中选定为推荐名单的作物；建议使用植物性残渣作为发酵的原料进行研究，再利用于微生物蛋白生产；鼓励对未充分利用的作物和微生物的蛋白质分离物进行蛋白质氨基酸组成评分、过敏风险、风味和加工功能的特征分析。此外，传统食品中的一些菌株具有高蛋白质含量，值得筛选和培育。

通过新型原料进行蛋白质生产，在产业链中主要存在的研究空白如图35和图36所示。

农作物蛋白生产往往只进行到脱壳、去皮和榨油的步骤。豆粕、麸皮等农副产品往往与其他原料直接混合作为饲料使用。然而，这些农副产品的成分复杂，如果直接用于食品配方很难调控产品性状，需要进一步分离提取出更纯的蛋白才能更好地加以利用。因此，未来需要进一步探索分离和提取蛋白的方法，以及蛋白修饰改造与质构化的方法。对于一些果壳（如核桃壳）、残渣等废弃物，蛋白分离提取和利用的方法或许无法完全参考常用的碱提酸沉法，需要更多的研究。

微生物蛋白生产中，除了食用菌子实体大规模商业化生产外，其他微生物来源尚处于研发和产业开发初级阶段。机遇存在于菌种开发、生物过程优化、蛋白分离提取、质构化与加工，以及配方的各个阶段。

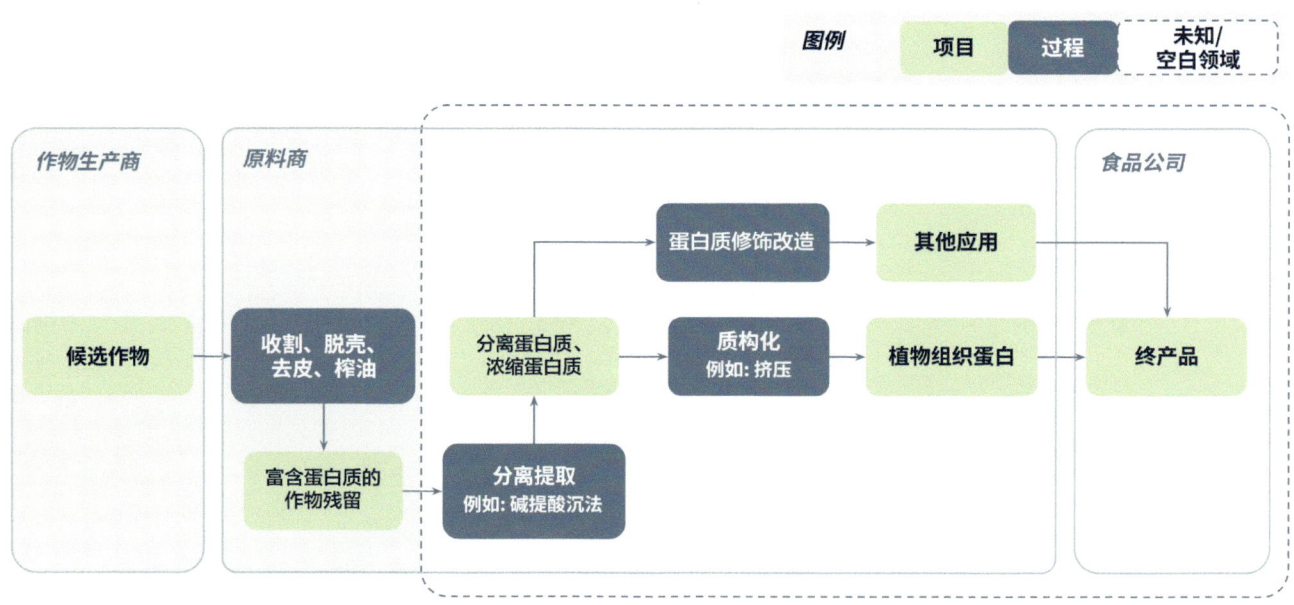

图35　利用农作物副产品及废弃物生产蛋白质的研究空白

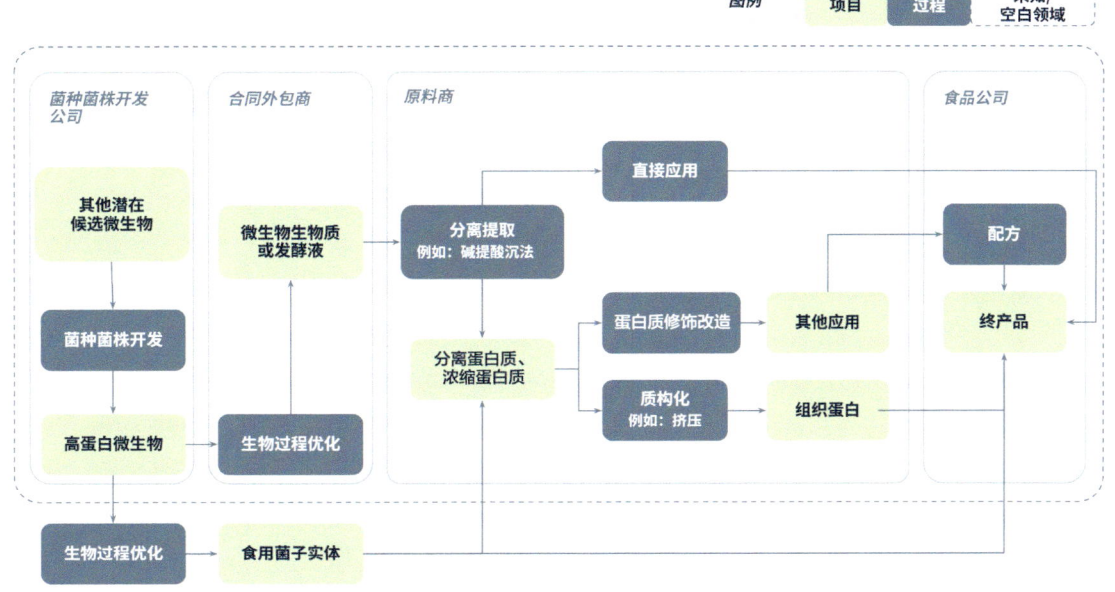

图 36 利用微生物生产蛋白质的研究空白

需要相关政策与法规支持

本报告所讨论的候选原料都面临在中国作为新食品原料所需审批的挑战，因为需要从原始农作物或生物中提取和分离的过程是一种新的加工方法，可能引进对食品安全有隐患的物质。目前，在报告推荐的农作物和微生物蛋白提取物中，除了酵母蛋白在 2023 年底刚刚获批，其他新原料尚未得到批准，而这些申请过程都需要历时数年。相关部门可从拓展新蛋白资源之于国家发展的战略意义为考量，借鉴海外发展现状，为政府和相关监管机构制定新型蛋白原料相应政策和监管审批提供具备参考性的科学评估意见，加速新蛋白作为新食品原料的审核过程。

大力发展菌丝体

鉴于中国拥有巨大的食用菌生产能力及较完善的基础设施和产业链，并且菌丝体有天然类似肉类纤维的质构特性，建议着重开发食用菌菌丝体蛋白生产。目前，大部分食用菌产品用于生产子实体，但是子实体生长周期较长，并且其蛋白组成与菌丝体相似，因此，建议专门生产周期较短的真菌菌丝体用于食用蛋白成分生产。菌丝体也不限于食用菌菌丝体，霉菌菌丝体也有很大的发展潜力。

培养基投料优化

菌丝体有利用多种投料（包括廉价投料）的能力，因此，建议深度开发菌丝体利用农业废弃物作为投料的培养方式，可以优先考虑在本报告《研究结果 第Ⅰ类：农作物》部分提出的未被充分利用的农作物副产物或废弃物（表4）。据报道，真菌可以利用各种废弃物质，如麸皮等木质纤维等材料来生产蛋白质。例如，研究人员在利用不同类型的麸皮发酵红曲霉时，观察到红曲霉蛋白质含量增加了65%~100%之多，可消化氨基酸也显示出增加的趋势。类似的结果也在其他常用菌株中观察到[67]，如米曲霉、黑曲霉[66]等。由于原料选择的高度兼容性，研究人员还发现真菌可以利用来自其他行业的副产品或废弃物。图37中的例子展示了真菌对渔业副产品进行升级改造生产富含蛋白质的生物质的同时减少环境污染的流程[68]。

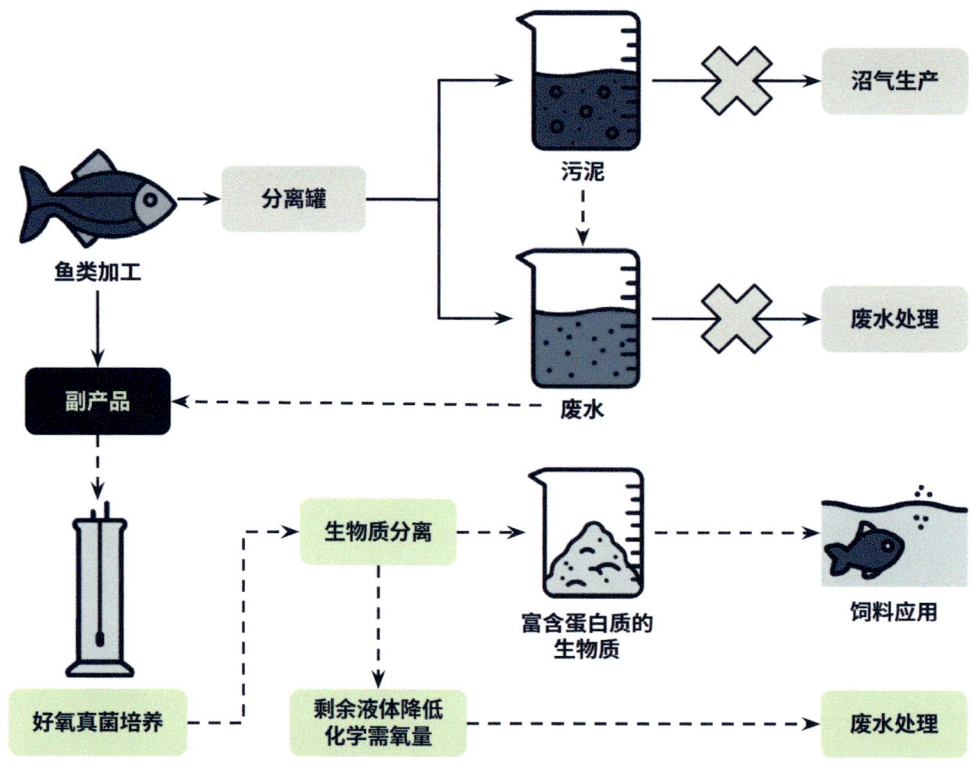

图37 利用鱼类加工副产品生产富含蛋白质的生物质[68]

从传统食物中分离培养菌株

由于真菌中的许多品种具有毒性，建议从传统发酵食品中培育新的菌株。例如，用于生产酱油、味噌、豆酥、豆腐的黑曲霉、米曲霉、红曲霉、黑曲霉和细胞根霉。同样，也可以从中国或其他国家的传统发酵食品中分离菌株，以避免使用毒性菌株。

利用纤维状质地

菌丝体具有类似肉类纤维的结构。目前，仍然缺少对许多纤维状真菌的菌丝体纹理特性的研究。因此，亟须研究如何充分利用真菌菌丝体的天然质地进行产品配方和应用，并展开更多关于质地评估的研究。善用菌丝体与生俱来的纤维状结构，可促进新蛋白产品朝着非挤压、节能的质构化方向发展，某种程度上还能避免额外的蛋白质提取和分离操作。

扩大化和自动化生产

菌类生产相对较低的运营成本是其一大优势，但仍需进一步调查纤维状真菌生产的成本效益、工业化和自动化程度，并且在设计加工的过程中考虑到在植物基肉制品中的适用性。

复合发酵

在目前新原料使用有限制的情况下，可以考虑直接利用初级产品（如食用菌子实体）生产蛋白原料或直接加工成终产品。以农副产品（如豆粕）、微生物副产品（如酒糟）作为投料，采用多菌种复合发酵，可实现资源高效利用并促进绿色低碳发展。

例1　高蛋白生物质菌株与高功能特性菌株复配，生产高蛋白优质营养产品

湖泊红球藻（旧称雨生红球藻）是生产天然虾青素最佳的微藻之一；裂殖壶菌是许多藻油DHA的来源。虽然这些产油、活性物质的藻类蛋白含量不如螺旋藻和小球藻，但是可以考虑通过菌种选育或者复配的方式，打造既富含营养物质和生物活性成分，又富含蛋白且组成优质的产品。此类应用在海鲜替代品中极具潜力，特别是红色鱼类或甲壳类。这样的产品将富含蛋白，同时还天然含有一些往往在新蛋白产品配方中需要额外添加的高成本成分（如风味物质、色素等），无需另外分离提取，更能促进绿色低碳产业链发展。此外，这些藻类中丰富的DHA等许多营养素和活性物质能够丰富新蛋白产品营养。

例2　黑曲霉菌株和里氏木霉、枯草芽孢杆菌、酿酒酵母等菌种进行复配，减少资源浪费，循环生产高蛋白原料

甘薯主要用于生产淀粉及其制品，如粉丝和粉条，而在淀粉生产过程中会产生大量的薯渣。据不完全统计，我国每年因生产淀粉而产生的薯渣约有550万吨。其中只有极少部分被作为廉价动物饲料使用，大部分被直接丢弃，导致资源浪费和环境污染严重。淀粉生产中的副产品甘薯渣经过黑曲霉固态发酵（图38），不仅提高了黑曲霉的蛋白含量，同时也产生了更多的纤维素酶等，这样的方法可以作为化学法（稀盐酸）处理甘薯渣的可持续替代方法。这样处理过的甘薯渣可以用于酵母发酵。如果能够调整发酵条件，使三者结合，就可达到农作物、酵母和霉菌之间的协同作用，以绿色低碳的方式生产高蛋白原料。

局限性与建议

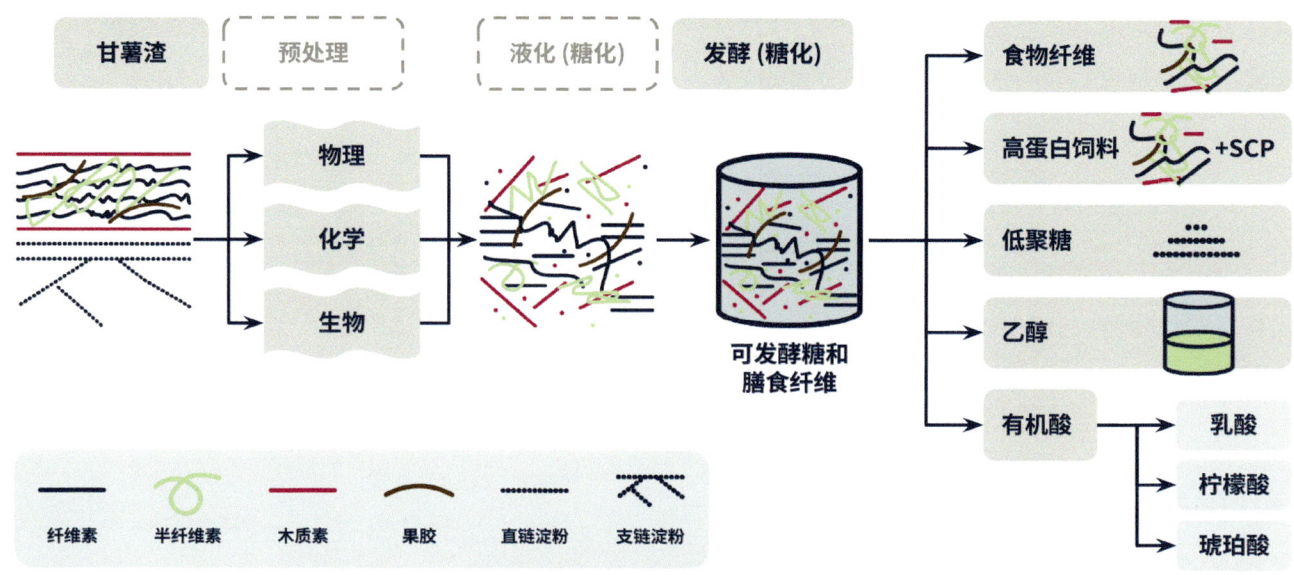

图 38　一种发酵甘薯渣与黑曲霉共发酵的潜在解决方案[66]

蛋白特性评估和优化

虽然农作物产业链中造成蛋白质浪费的主要环节及微生物产业链中可能增加蛋白质产量的环节已经明确，但这些蛋白质是否能用来制作新蛋白原料和产品还存疑，需要原料商与科研团队共同合作，进一步探索农副产品和废弃物循环利用、建立基础设施和产业链，最终才能实现盈利。此外，还需要系统评估与应用在新蛋白产品中的蛋白质的加工、营养、感官和安全特性。如果法规允许在食品生产中更广泛地应用蛋白质提取物，那么应该着重开发高质量的提取方法，寻求经济实惠、温和的生物加工技术，避免过度加工，且不应引入新的有害化学物质，从而保护原料的优良特性。

营养特性评估

许多蛋白质含量测定的数据是根据生物质水解后总氮含量来估计其粗蛋白含量。这样的测定方法忽略了核酸、葡糖酰胺和细胞壁中一些非蛋白质的氮元素的存在，如螺旋藻中非蛋白氮的含量就达到 11.5%[131]。因此，应该加强真蛋白含量的分析，以正确评估来源作为新蛋白原料的可行性。

我国专家学者在分析植物和微生物蛋白时，大多采用化学评分或氨基酸评分，并直接与鸡蛋蛋白、酪蛋白等被认为氨基酸组成最接近人体需要的标准蛋白（"全鸡蛋模式"）相比较，并提到基于 FAO/WHO 提出的理想蛋白质条件（必需氨基酸含量占氨基酸总量的 40% 左右，必需氨基酸与非必需氨基酸比值在 0.6 以上）。然而，这种标准普遍认为是 1973 年由 FAO/WHO 提出的建议较为过时，并且此标准与"全鸡蛋模式""蛋白质理想模式"等字眼也大多只见于中文文献和中国学者发表的英文文献，与国际脱轨。目前最新的 FAO/WHO 提出的氨基酸评价标准是 DIASS，加入了回肠消化率的考量，很多原料商也会采用 DIASS 值作为商品的一个属性。因此，未来需要更多研究提供目标蛋白 DIASS 数据[132]。

同时，诸多文献显示微生物的营养组成受环境影响较大。例如，同一菌种（如香菇）在不同地区、不同培养条件下生长，氨基酸含量和组成会有很大差别，限制性氨基酸也不同。因此，在营养配方中，应该考虑到这些因素来进行复配。

物化特性评估

在不同的加工条件下，要评估蛋白原料的功能性、消化性等。对于新型蛋白原料来说，其蛋白质的功能性研究还很有限。如果不全面了解这些蛋白质的理化性质，就很难评估它们是否适合用于新蛋白产品。评估后，还需要结合蛋白质特有的物化特性匹配其适用场景。例如，具有出色发泡能力的蛋白质可用于生产冰淇淋的替代乳制品，而具有强凝胶和水保持能力的蛋白质可能更适合用于替代肉类的生产。

感官特性评估

以大豆和豌豆为主要原料的新蛋白产品常常带有不良风味。尽管作物和微生物整体风味的相关信息较多，但关于蛋白质本身特定风味的信息却非常有限。

了解风味特征对于确定该蛋白质是否适合特定产品及识别任何不良风味至关重要，然而这方面的信息非常有限。某些微生物可能表现出理想的鲜味，特别适用于海鲜和肉类加工。然而，在高温下完好地保留这些风味却是一个挑战，因为高温也可能导致新风味的产生，如当蛋白质受到高温处理，特别是在挤压过程中，它们可能会产生苦味。此外，加工中所采用的蛋白提取和分离方法会显著影响风味。因此，建议在不同加工条件下，对所关注的蛋白质的感官特性进行全面鉴定。

蛋白分离提取

与已经实现工业化生产加工的大豆蛋白不同，从这些新型蛋白资源中提取和分离蛋白质的方法还需要进一步探索，而且分离提取中可能引进对食品安全有隐患的物质，因此，这类蛋白原料还需要经过审批才能用于生产。

将农作物加工成面粉、分离物和浓缩物通常依赖于化学和机械方法。这些方法可能会对所得成分的结构或功能产生负面影响，而且也可能涉及高耗能过程，需要使用昂贵设备，并引入不必要的化学成分。

例1　使用更温和的生物加工技术

更温和的生物加工技术能利用酶或微生物改善成分质量并增强其功能、感官和营养特性。然而，高成本（如酶）、技术难点（如发酵）以及条件优化缺乏研究验证导致生物加工技术尚未广泛使用。

例2　利用微生物完整生物质

利用完整生物质，避免提取蛋白质直接进行配方加工，可以免除分离提取时引入的有害化学试剂，节省成本和能源，避免过度加工。例如，在分离蛋白质、浓缩蛋白质的制作过程中，往往会使用喷雾干燥，其成本高、效果也不佳。如果能直接利用高蛋白生物质进行食品终端产品配方，就可以避免这些问题。然而微生物生物质原料是一个极其复杂的混合物，调控原料性质以达到产品要求十分困难。

 菌株培育和生物过程优化

目前大部分菌株开发和培育、发酵条件优化工作的目的并非提高蛋白含量，所获得的菌株和培养条件可能限制蛋白质生物量生产。

虽然研究通常集中在产量比较高的菌株上，但有些"小众"菌株可能也具有高蛋白含量和质量。然而，这些菌株的菌体或菌丝体生长速率等情况尚不清晰。为了评估这些菌株未来生产蛋白质的潜力，需要综合考虑它们的生长速率、生物转化率和生产效率。

菌株培育

微生物和农作物都可以进行物种改造，并且不一定使用转基因的方法，以获得具有所需特性的品种。由于微生物生长速度迅速，它们的培育过程要比农作物快得多，所以推荐对微生物采用这样的方法。建议可以对新食品原料库中的菌株进行优化筛选，以提高筛选效率，或从传统发酵食品中发掘新菌株。

生物过程优化

目前，微生物的应用可能针对蛋白生物质生产以外的其他目标，因此，有必要重新优化发酵过程，重点考虑微生物生长速率、生物转化率和蛋白质生产效率等因素，以实现高效生产优质蛋白。例如，对于食用菌来说，许多应用的条件是培育子实体的最佳参数，但是如果培养终止于菌丝体阶段，目的改为培养高蛋白的菌丝体，培养参数就会相应发生变化。与之类似，霉菌、酵母、微藻目前主要用于生产酶、肽、营养补充剂、生物活性成分等产品，在生产这些成分的最优条件下生长可能会限制其菌体本身

的生物质蛋白生产的能力。

因此，建议以**生产高品质蛋白**为目标，优先利用农业残渣或生物质、玉米麸等农业副产品作为投料实现资源高效利用和绿色低碳发展，**优化投料**成本。同时，应**优化发酵条件**，评估固态发酵或液态发酵是否最适合所需菌株。评估连续过程或批处理过程的适用性，并确定最佳生产所需的温湿度、通气量等参数。优化蛋白质生产的工艺参数，即发酵模式和投料策略、pH、温度、碳氮比、搅拌速度和氧气供应，并在发酵过程中实现自动化。需要注意的是，优化的碳氮比在细胞生长和蛋白质生产的不同阶段可能会有所不同。

未来展望

由于新型蛋白质来源的产业链尚未完善，目前无法预测与当前基准（如大豆和豌豆组织蛋白）相比蛋白质生产的成本效益，需要进一步研究来确定建立基础设施（如发酵罐和设施）、采购原料及管理其他运营成本所需的费用。

除此之外，有一些其他可能的蛋白来源本报告并未涉及。这些包括细菌生产的蛋白、蔬菜中的蛋白、饲料原料中的蛋白，以及一些酿制产品和发酵产品等食品终产品中废弃的蛋白。例如，氢氧化细菌、苜蓿、秸秆、酒糟、酱油糟、糖糟、醋糟等，它们在产业链中生产蛋白和循环利用的可能性值得继续挖掘。

同时，来自农作物和微生物的副产品可能成为生产新蛋白产品中使用的添加剂的宝贵来源，例如，色素、香料、黏合剂（多糖）等。这些添加剂通常占总成本的一半以上，而且仅仅利用蛋白质而忽视其余副产品并非一个可持续的生产方式。因此，农作物和微生物生产的副产品值得研究，以期提升其价值并将其用作替代蛋白质制造及其他用途的添加剂。

鉴于中国对转基因食品的监管严格，此报告并未深入探讨生物技术方法。事实上，生物技术是一个强大的工具，可以相对快速地开发各类新品种，克服固有的局限性并生产高质量的蛋白质。例如，许多研究表明，通过基因改造参与单细胞蛋白生产的微生物有更高的营养价值，并改变微生物对不同生长基质的耐受性。此外，微生物可以被基因工程改造以生产目前昂贵的有价值的添加剂。例如，用基因改造酵母生产的乳清蛋白或酪蛋白可以替代传统的乳制品，如无动物奶油冰淇淋。此外，生物技术可能实现对酵母（或其他生物）提供全面解决方案（生物质＋精密发酵），该项技术亦将展现出一系列理想特性，如实现食物废弃物的利用、创造高质量蛋白的生产及颜色和口味。

此外，本报告未深入探讨将农作物和微生物作为培养肉生产的成分。然而，某些农作物和微生物在培养肉生产中可作为优秀的培养基和支架材料的来源。从新型来源提取关键成分或与动物细胞共培养有前景的微生物可能代表了未来蛋白质食品生产的另一途径。

总而言之，新蛋白产品尚在起步阶段，当下目标是尽可能接近真实肉类的感官特性和价格。然而，相信通过各方的共同努力，下一代新蛋白产品可能成为一种与传统肉类截然不同的新型产品，同时可以更营养、更美味、更具成本效益和可持续性。

参考文献

[1] FAO. The future of food and agriculture – Alternative pathways to 2050. Rome: Food and Agriculture Organization of the United Nations, 2018. DOI: 10.22004/ag.econ.319842.

[2] GFI. State of the Industry Report: Plant-based meat, seafood, eggs, and dairy. https://gfi.org/wp-content/uploads/2023/01/2022-Plant-Based-State-of-the-Industry-Report-1-1.pdf.

[3] 周才琼, 周玉林. 食品营养学: 第三版. 北京: 中国质检出版社, 2018.

[4] 迟玉杰. 食品化学. 北京: 化学工业出版社, 2012.

[5] 汪志君, 韩永斌, 姚晓玲. 食品工艺学. 北京: 中国质检出版社, 2012.

[6] Wang Y, Lyu B, Fu H L, et al. The Development process of plant-based meat alternatives: raw material formulations and processing strategies. Food Research International, 2003, 167: 112689. https://doi.org/10.1016/j.foodres.2023.112689.

[7] Ahmad M, Qureshi S, Akbar M H, et al. Plant-based meat alternatives: compositional analysis, current development and challenges. Applied Food Research, 2022, 2(2): 100154. https://doi.org/10.1016/j.afres.2022.100154.

[8] Zhang J, Liu L, Jiang Y, et al. Converting peanut protein biomass waste into 'double green' meat substitutes using a high-moisture extrusion process: a multi-scale method to explore a process for forming a meat-like fibrous structure. Journal of Agricultural and Food Chemistry, 2019, 67: 10713-10725. doi: 10.1021/acs.jafc.9b02711.

[9] National Research Council (US) Subcommittee on the Tenth Edition of the Recommended Dietary Allowances. Protein and Amino Acids// Recommended Dietary Allowances: 10th Edition. Washington (DC): National Academies Press, 1989. https://www.ncbi.nlm.nih.gov/books/NBK234922/.

[10] GFI. Plant-based meat for a growing world. https://gfi.org/wp-content/uploads/2021/02/GFI-Plant-Based-Meat-Fact-Sheet_Environmental-Comparison.pdf.

[11] 谷孚 GFIC. 2022 新蛋白发酵行业报告. https://uploads.stricklycdn.com/files/cbae4e01-c6ab-489d-b3f2-fa3f6c8dc06f/%E8%B0%B7%E5%AD%9A_2022%E6%96%B0%E8%9B%8B%E7%99%BD%E5%8F%91%E9%85%B5%E8%A1%8C%E4%B8%9A%E6%8A%A5%E5%91%8A_Ver2.0.pdf?id=3922730.

[12] 中国食品科学技术学会植物基食品分会. 植物基食品的科学共识（2022 年版）. 中国食品学报, 2022, 22(10): 450-457. DOI: 10.16429/j.1009-7848.2022.10.045.

[13] 中国食品科学技术学会. 植物基肉制品: T/CIFST 001—2020, [2020-12-25]. https://www.cifst.org.cn/uploads/file/20201225/1608879643796557.pdf.

[14] GFI. Plant-based meat manufacturing capacity and pathways for expansion. https://gfi.org/resource/plant-based-meat-manufacturing-capacity-and-pathways-for-expansion/.

[15] Wrobel S. Israeli food tech startup debuts texturized chickpea protein "meat" burger. The Times of Isreal, 2023. [2023-04-20]. https://www.timesofisrael.com/israeli-food-tech-startup-debuts-first-chickpea-based-meat-burger/.

[16] Reddy I C, Prabakar C, Devi K S, et al. An economic analysis on jackfruit production and marketing in Cuddalore District Oftamilnadu, India. Plant Archives, 2019, 19: 2801-2809.

[17] India's wakao foods launches burger patty made from jackfruit & pea protein. Vegconomist. [2023-03-14]. https://

vegconomist.com/food-and-beverage/meat-and-fish-alternatives/india-wakao-foods-burger-jackfruit/.

[18] Lupin production and top producing countries. Tridge. Accessed，2024. https：//www.tridge.com/intelligences/lupin-bean/production.

[19] Nicholas L. Wide open agriculture enters multi-billion-dollar plant-based protein market. Small Caps. [2020-05-23]. https：//smallcaps.com.au/wide-open-agriculture-enters-multi-billion-dollar-plant-based-protein-market/.

[20] WOA develops lupin protein that could replace soy across plant-based sector. Vegconomist. [2021-06-01]. https：//vegconomist.com/food-and-beverage/woa-develops-lupin-protein-that-could-replace-soy-across-plant-based-sector/.

[21] 李时珍. 本草纲目. 北京：北京燕山出版社，2009.

[22] McClements D J, Grossmann L. The science of plant - based foods：constructing next - generation meat, fish, milk, and egg analogs. Comprehensive Reviews in Food Science and Food Safety，2021，20（4）：4049-4100. https：//doi.org/10.1111/1541-4337.12771.

[23] Zhang J C, Liu L, Liu H Z, et al. Changes in conformation and quality of vegetable protein during texturization process by extrusion. Critical Reviews in Food Science and Nutrition, 2019, 59（20）：3267-3280. DOI：10.1080/10408398.2018.1487383.

[24] 力矩中国. 素莲成功研发湿法挤压设备，"膳客传奇"下月将开售新一代植物肉. https：//newprotein.cn/?p=4638.

[25] Wang Q，Liu L，Zhang J C，et al. A high-moisture texturized peanut protein and a preparation method thereof. United States Patent Application，2018. https：//www.freepatentsonline.com/y2018/0360084.html.

[26] 王强，刘丽，张金闯，等. 一种高水分花生拉丝蛋白及其制备方法：CN201710452463.5. 2017-11-07.

[27] 王强，刘丽，朱嵩，等. 利用含有花生、大豆的复合植物蛋白生产拉丝蛋白的方法：CN201710453808.9. 2018-08-10.

[28] 李雪，谭运寿，马贵刚，等. 油茶籽油研究应用进展. 中国粮油学报，2017，32（11）：191-196.

[29] 刘翔. 油茶籽粕酶解及其美拉德反应产物风味和安全性研究. 合肥：合肥工业大学，2022.

[30] 陈艺婷. 油茶籽粕蛋白的制备及其在冰淇淋中的应用. 合肥：安徽农业大学，2023.

[31] 山东农业大学大数据研究中心. 我国甘薯市场与产业调查分析报告. 农产品市场周刊，2021（20）：50-51.

[32] 陈喜，陆建珍，汪翔，等. 中国甘薯生产布局变迁及动因分析. 中国农业资源与区划，2022，43（2）：1-12.

[33] 张靖杰，国鸽，李鹏高. 薯类蛋白对人体健康的影响及作用机制研究进展. 食品安全质量检测学报，2017，8（7）：2575-2580.

[34] 马梦梅，木泰华，孙红男. 营养健康型薯类食品加工与副产物高值化利用研发进展. 食品安全质量检测学报，2020，11（24）：9154-9163. DOI：10.19812/j.cnki.jfsqll-5956/ts.2020.24.014.

[35] KAMARA T M. 小米蛋白及其酶解物的营养和功能特性研究. 无锡：江南大学，2011.

[36] 侯超凡. 小米蛋白的提取与表征及热处理对其醇溶蛋白的影响. 太原：山西农业大学，2022.

[37] 刘敬科，张玉宗，刘莹莹，等. 谷子蛋白组分分析研究. 食品与机械，2014，30（6）：39-42.

[38] 周绍迁. 茶渣的高值化综合利用进展. 中国茶叶加工，2019（4）：54-60.

[39] 肖智，黄贤金，孟浩，等. 2009—2014年中国茶叶生产空间演变格局及变化特征. 地理研究，2017，

36（1）：109-120.

[40] 冯慧祥. 茶末及湖北海棠叶活性成分及功能研究. 广州：华南理工大学，2022.

[41] 吴萍萍. 茶渣、茶末对育肥猪生产性能及猪肉品质影响研究进展. 长江大学学报（自科版），2018，15（2）：37-40.

[42] 王伟伟，陈琳，张建勇，等. 茶末的综合利用研究进展. 食品研究与开发，2020，41（19）：194-199.

[43] 龚舒蓓，林柃敏. 茶渣的再利用研究进展. 饮料工业，2019，22（4）：76-79.

[44] 王威威，昝丽霞，张文夷，等. 茶蛋白的提取方法及生物活性研究进展. 农业技术与装备，2022（1）：102-104.

[45] 陆晨. 茶渣中蛋白质的提取、脱色及改性研究. 无锡：江南大学，2013.

[46] 陈婷，岩蓉，任娟. 核桃蛋白的发展现状及前景探讨. 食品安全导刊，2018（18）：125.

[47] Yang F, Huang X J, Zhang C L, et al. Amino acid composition and nutritional value evaluation of Chinese chestnut（Castanea mollissima Blume）and its protein subunit. RSC advances，2018，8：2653-2659.

[48] 杨曦. 氧化环境中槲皮素对核桃蛋白致敏性的影响. 昆明：西南林业大学，2022.

[49] 豁银强，刘传菊，聂荣祖，等. 核桃蛋白的组成、制备及特性研究进展. 中国粮油学报，2020，35（12）：191-197.

[50] 张亭，杜倩，李勇. 核桃的营养成分及其保健功能的研究进展. 中国食物与营养，2018，24（7）：64-69.

[51] Leger D, Matassa S, Noor E, et al. A. photovoltaic-driven microbial protein production can use land and sunlight more efficiently than conventional crops. The Proceedings of the National Academy of Sciences，2021，118：e2015025118.

[52] Koukoumaki D I, Tsouko E, Papanikolaou S, et al. Recent advances in the production of single cell protein from renewable resources and applications. Carbon Resources Conversion，2024，7（2）：100195. https：//doi.org/10.1016/j.crcon.2023.07.004.

[53] Ritala A, Häkkinen S T, Toivari M, et al. Single cell protein—state-of-the-art, industrial landscape and patents 2001-2016. Frontiers in Microbiology，2017，8：2009.

[54] Trinci A P J. Myco-protein：a twenty-year overnight success story. Mycological Research，1992，96（1）：1-13. https：//doi.org/10.1016/s0953-7562（09）80989-1.

[55] 李德茂，童胜，曾艳，等. 未来食品的低碳生物制造. 生物工程学报，2022，38（11）：4311-4328.

[56] Tamang J P, Watanabe K, Holzapfel W H. Review：diversity of microorganisms in global fermented foods and beverages. Frontiers in Microbiology，2016，7：377.

[57] 王雁灿，杨灿，唐小武，等. 黑曲霉发酵柑橘皮产蛋白工艺优化研究. 黑龙江畜牧兽医（下半月），2018（10）：157-159. DOI：10.13881/j.cnki.hljxmsy.2017.09.0248.

[58] Machado I, Teixeira J A, Rodríguez-Couto S. Semi-solid-state fermentation：a promising alternative for neomycin production by the actinomycete Streptomyces fradiae. Journal of Biotechnology，2013，165（3-4）：195-200. DOI：10.1016/j.jbiotec.2013.03.015.

[59] Membrillo I, Sánchez C, Meneses M, et al. Effect of substrate particle size and additional nitrogen source on production of lignocellulolytic enzymes by Pleurotus ostreatus strains. Bioresource Technology，2008，99（16）：7842-7847. DOI：10.1016/j.biortech.2008.01.083.

[60] Chuppa-Tostain G, Hoarau J, Watson M, et al. Production of Aspergillus niger biomass on sugarcane distillery wastewater: physiological aspects and potential for biodiesel production. Fungal Biology and Biotechnology, 2018, 5: 1-12. DOI: 10.1186/s40694-018-0045-6.

[61] Said S D, Zaki M, Asnawi T M, et al. Single cell protein production by a local Aspergillus niger in solid state fermentation using rice straw pulp as carbon source: effects of fermentation variables. IOP Conference Series: Materials Science and Engineering, 2019, 543: 543 012002. DOI: 10.1088/1757-899X/543/1/012002.

[62] Souza Filho P F, Nair R B, Andersson D, et al. Vegan-mycoprotein concentrate from pea-processing industry byproduct using edible filamentous fungi. Fungal Biology and Biotechnology, 2018, 5: 5. https://doi.org/10.1186/s40694-018-0050-9.

[63] Dong Z X, Yang S S, Lee B H. Bioinformatic mapping of a more precise Aspergillus niger degradome. Scientific reports, 2021, 11(1): 693.

[64] Singh A, Abidi A B, Agrawal A K, et al. Single cell protein production by Aspergillus niger and its evaluation. Zentralblatt Für Mikrobiologie, 1991, 146(3): 181-184.

[65] Liu B N, Li Y, Song J Z, et al. Production of single-cell protein with two-step fermentation for treatment of potato starch processing waste." Cellulose, 2014, 21: 3637-3645.

[66] 赵华, 王雪涛, 汤加勇, 等. 黑曲霉固态发酵甘薯渣条件优化及发酵对甘薯渣营养品质的影. 四川农业大学学报, 2015(1): 51-56. DOI: 10.16036/j.issn.1000-2650.2015.01.009.

[67] Ravindra P. Value-added food: Single cell protein. Biotechnology advances, 2000, 18(6): 459-479.

[68] Sar T, Ferreira J A, Taherzadeh M J. Bioprocessing strategies to increase the protein fraction of Rhizopus oryzae biomass using fish industry sidestreams. Waste Management, 2020, 113: 261-269.

[69] Wang M Q, Zhao R L. A review on nutritional advantages of edible mushrooms and its industrialization development situation in protein meat analogues. Journal of Future Foods, 2023, 3(1): 1-7. https://doi.org/10.1016/j.jfutfo.2022.09.001.

[70] 颜孙安, 林香信, 李巍, 等. 闽产食用菌的氨基酸组成特征及其营养评价. 食品安全质量检测学报, 2021, 12(19): 7723-7731.

[71] Jood S, Kapoor A C, Singh R. Amino acid composition and chemical evaluation of protein quality of cereals as affected by insect infestation. Plant Foods for Human Nutrition, 1995, 48(2): 159-167.

[72] 杨文建, 王柳清, 胡秋辉. 我国食用菌加工新技术与产品创新发展现状. 食品科学技术学报, 2019, 37(3): 13-18.

[73] 唐小华, 胡斌, 李雪玲, 等. 食药用菌菌丝体应用研究进展. 食用菌学报, 2021, 28(4): 116-122.

[74] 李婉莹, 高磊, 吴芳, 等. 中国蘑菇类食药用菌近10年驯化栽培研究进展. 菌物学报, 2023, 42(10): 2011-2024. DOI: 10.13346/j.mycosystema.230120.

[75] 唐艳仪, 周玥琳, 揭红东, 等. 不同培养料对平菇产量及品质的影响. 安徽农业科学, 2023, 51(8): 37-41.

[76] 陈丽新, 黄卓忠, 陈振妮, 等. 纯木薯废弃物栽培平菇的配方优化及效益分析. 南方农业学报, 2014, 45(8): 1424-1428.

[77] Zhou Y Y, Li Z H, Zhang H J, et al. Potential uses of scallop shell powder as a substrate for the cultivation of king oyster mushroom(Pleurotus Eryngii). Horticulturae, 2022, 8(4): 333. https://doi.org/10.3390/

horticulturae8040333.

[78] 陈兴. 不同配比中药渣覆盖对平菇生长和品质的影响. 乡村科技, 2023, 14（5）: 71-75.

[79] He L, Xie F, Zhou G, et al. Transcriptome and metabonomics combined analysis revealed the energy supply mechanism involved in fruiting body initiation in Chinese cordyceps. Scientific reports, 2023, 13: 9500. https://doi.org/10.1038/s41598-023-36261-7.

[80] 谷继永. 食用菌工厂能源管理的思考. 食药用菌, 2023, 31（1）: 7-11.

[81] 陈海强, 胡汝晓, 彭运祥, 等. 食用菌鲜味物质研究进展. 现代生物医学进展, 2011（11）: 3783-3786.

[82] Jiang C P, Duan X Y, Lin L, et al. A review on the edible mushroom as a source of special flavor: flavor categories, influencing factors, and challenges. Food Frontiers, 2023, 4（4）: 1561-1577.

[83] Fang D L, Wang C F, Deng Z L, et al. Microflora and umami alterations of different packaging material preserved mushroom (Flammulina filiformis) during cold storage. Food Research International, 2021, 147: 110481.

[84] 薛梅, 杨文建, 胡秋辉. 香菇风味物质形成过程的研究进展（综述）. 食药用菌, 2013（6）: 349-353.

[85] 殷朝敏, 范秀芝, 史德芳, 等. HS-SPME-GC-MS 结合 HPLC 分析 5 种食用菌鲜品中的风味成分. 食品工业科技, 2019（3）: 254-260.

[86] 罗晓莉, 张沙沙, 曹晶晶, 等. 云南 3 种胶质食用菌营养成分分析与蛋白质营养价值评价. 食品工业科技, 2021, 42（14）: 328-333.

[87] Zhang Y, Venkitasamy C, Pan Z L, et al. Recent developments on umami ingredients of edible mushrooms-a review. Trends in Food Science and Technology, 2013, 33（2）: 78-92.

[88] Andres-Hernando A, Cicerchi C, Kuwabara M, et al. Umami-induced obesity and metabolic syndrome is mediated by nucleotide degradation and uric acid generation. Nature metabolism, 2021, 3（9）: 1189-1201.

[89] Das A K, Nanda P K, Dandapat P, et al. Edible mushrooms as functional ingredients for development of healthier and more sustainable muscle foods: a flexitarian approach. Molecules, 2021, 26: 2463. https://doi.org/10.3390/molecules26092463.

[90] Kumar P, Sharma B, Kumar R, et al. Optimization of the level of wheat gluten in analogue meat nuggets. Indian Journal of Veterinary Research, 2012, 21（1）: 54-59.

[91] White J, Weinstein S A, De Haro L, et al. Mushroom poisoning: a proposed new clinical classification. Toxicon, 2019, 157: 53-65. DOI: 10.1016/j.toxicon.2018.11.007.

[92] He M Q, Wang M Q, Chen Z H, et al. Potential benefits and harms: a review of poisonous mushrooms in the world. Fungal Biology Reviews, 2022, 42: 56-68.

[93] Karlson-Stiber C, Persson H. Cytotoxic fungi-an overview. Toxicon, 2003, 42（4）: 339-349. DOI: 10.1016/s0041-0101(03)00238-1.

[94] Chen H P, Liu J K. Secondary metabolites from higher fungi. Progress in the Chemistry of Cytochalasans, 2017, 106: 1-201. DOI: 10.1007/978-3-319-59542-9_1.

[95] 孙恬, 姚松君, 刘凤松, 等. 我国四大产区香菇的营养成分比较. 现代食品科技, 2021, 37（12）: 97-103, 293.

[96] 陈国龙, 秦延春, 卢玉文, 等. 不同培养料对秀珍菇生长发育及主要营养成分的影响. 食用菌, 2018,

40（6）：33-34，49.

[97] Wei J H, Xue Y, Feng L, et al. Physicochemical and functional properties of Pleurotus eryngii protein isolate and albumin. Food Science, 2018, 39（18）: 54-60. https://doi.org/10.7506/spkx1002-6630-201818009.

[98] 车星星，李素玲，许晶，等. 栽培基质对杏鲍菇菌丝生长和子实体产量的影响. 山西农业科学，2015，43（11）：1447-1449.

[99] Kleftaki S A, Simati S, Amerikanou C, et al. Pleurotus eryngii improves postprandial glycaemia, hunger and fullness perception, and enhances ghrelin suppression in people with metabolically unhealthy obesity. Pharmacological Research, 2022, 175: 105979. DOI: 10.1016/j.phrs.2021.105979.

[100] 孙丹丹，和焕香，王刚，等. 不同品系真姬菇子实体营养成分和活性成分比较. 食品研究与开发，2019，40（22）：6-10.

[101] Yu S, Wang Y, Wu Y, et al. Characterization, recombinant production, and bioactivity of a novel immunomodulatory protein from Hypsizygus marmoreus. Molecules, 2023, 28（12）: 4796.

[102] 张楠，谢宇，唐小雪，等. 不同形状猴头菇营养成分的比较分析. 核农学报，2018，32（10）：1992-2001. DOI：10.11869/j.issn.100-8551.2018.10.1992.

[103] Ukaegbu-Obi K M. Single cell protein: a resort to global protein challenge and waste management. Journal of Microbiology and Biotechnology, 2016, 1: 5.

[104] 刘宇飞，曹颖，常立业，等. 毕赤酵母细胞工厂工程化改造与应用. 生物工程学报，2023，39（11）：4376-4396.

[105] 莫能沛. 2022年中国酵母行业分析，行业仍有较大需求空间. 华经情报网，2022[2022-10-29]. https://www.huaon.com/channel/trend/846620.html.

[106] Wood P, Thorrez L, Hocquette J F, et al. "Cellular agriculture": current gaps between facts and claims regarding "cell-based meat". Animal Frontiers, 2023, 13（2）: 68-74. DOI: 10.1093/af/vfac092.

[107] What is soy leghemoglobin, or heme? Impossible Foods. https://faq.impossiblefoods.com/hc/en-us/articles/360019100553-What-is-soy-leghemoglobin-or-heme.

[108] 李勤. 三种酵母菌生长曲线的对比研究. 食品与发酵科技，2014，50（4）：39-41，55.

[109] Rages A A, Haider M M, Aydin M. Alkaline hydrolysis of olive fruits wastes for the production of single cell protein by Candida lipolytica. Biocatalysis and Agricultural Biotechnology, 2021, 33: 101999.

[110] Amorim M L, Soares J, Coimbra J S D R, et al. Microalgae proteins: production, separation, isolation, quantification, and application in food and feed. Critical Reviews in Food Science and Nutrition, 2021, 61（12）: 1976-2002. DOI: 10.1080/10408398.2020.1768046.

[111] 吕旭，孙仁旺，张红兵. 微藻规模化培养技术研究进展. 应用化工，2019，48（6）：1487-1490.

[112] 高凤正，葛保胜，向文洲，等. 生物技术研究引领中国微藻产业发展的六十年：回顾与展望. 中国科学：生命科学，2021，51（1）：26-39.

[113] 陈峰，杨帅伶，刘宾. 微藻蛋白质及其在食品中的应用研究进展. 中国食品学报，2022，22（6）：21-32.

[114] 李雄，王伟良，黄建科. 微藻规模化培养技术研究进展及产业化概况. 生物产业技术，2016（3）：7-13.

[115] 于殿江，施定基，何培民，等. 微藻规模化培养研究进展. 微生物学报，2021，61（2）：333-345.

[116] Wu Z, Shi X. Optimization for high-density cultivation of heterotrophic Chlorella based on a hybrid

neural network model. Letters in Applied Microbiology, 2010, 44（1）：13-18.

[117] Zhang Z, Sun D, Wu T, et al. The synergistic energy and carbon metabolism under mixotrophic cultivation reveals the coordination between photosynthesis and aerobic respiration in Chlorella zofingiensis. Algal Research, 2017, 25: 109-116.

[118] 闫新璐, 刘倩倩, 侯庆安, 等. 微藻的功能特性及其在食品中的应用研究进展. 食品工业科技, 2024, 45（2）：392-400. DOI：10.13386/j.issn1002-0306.2023030254.

[119] 唐佳芮, 杜宣利, 张羽霄, 等. 微藻油加工技术研究进展. 粮食与食品工业, 2019, 26（1）：10-12.

[120] Law S Q K, Mettu S, Ashokkumar M, et al. Emulsifying properties of ruptured microalgae cells: Barriers to lipid extraction or promising biosurfactants? Colloids and Surfaces: B: Biointerfaces, 2018, 170: 438-446. DOI：10.1016/j.colsurfb.2018.06.047.

[121] Grossmann L, Hinrichs J, Weiss J. Cultivation and downstream processing of microalgae and cyanobacteria to generate protein-based technofunctional food ingredients. Critical Reviews in Food Science & Nutrition, 2020, 60（17）：2961-2989.

[122] Camacho F, Macedo A, Malcata F. Potential industrial applications and commercialization of microalgae in the functional food and feed industries: a short review. Marine Drugs, 2019, 17: 312. DOI: 10.3390/md17060312.

[123] Niccolai A, Venturi M, Galli V, et al. Development of new microalgae-based sourdough "crostini": functional effects of Arthrospira platensis（spirulina）addition. Scientific Reports, 2019, 9: 1-12. DOI: 10.1038/s41598-019-55840-1.

[124] Santi D A, Caruso G, Melcarne L, et al. Biological Toxins from Marine and Freshwater Microalgae.// Microbial Toxins and Related Contamination in the Food Industry. Cham: Springer. https://doi.org/10.1007/978-3-319-20559-5_2.

[125] Szabo N J, Matulka R A, Chan T. Safety evaluation of Whole Algalin Protein（WAP）from Chlorella protothecoides. Food & Chemical Toxicology, 2013, 59: 34-45.

[126] Watanabe F. Vitamin B12 sources and bioavailability. Experimental Biology and Medicine, 2007, 232（10）：1266-1274. DOI：10.3181/0703-MR-67.

[127] 国家卫生健康委员会. "三新食品"目录及适用的食品安全标准. 2023-04-19[2023-05-10].http://www.nhc.gov.cn/sps/s7892/202305/4c3b189ccf84474db1e84471e6e72d07/files/f1fb0127fc0e4bbdb563f31ac1b2bc33.pdf.

[128] Derbyshire E J, Finnigan T J A. Mycoprotein: a futuristic portrayal.//Future Foods. New York: Academic Press, 2022: 287-303. https://doi.org/10.1016/b978-0-323-91001-9.00037-2.

[129] Li D M, Tong S, Zeng Y, et al. Low carbon biomanufacturing for future food. Chinese Journal of Biotechnology, 2022, 38（11）：4311-4328.

[130] 国家卫生健康委员会政务服务平台. 2023年06月20日新食品原料不予行政许可决定书信息送达. 2023-06-20. https://zwfw.nhc.gov.cn/kzx/sdxx/xspylsp_213/202306/t20230621_2534.html.

[131] Becker E W. Micro-algae as a source of protein. Biotechnology Advances, 2007, 25（2）：207-210.

[132] Leser S. The 2013 FAO report on dietary protein quality evaluation in human nutrition: recommendations and implications. Nutrition Bulletin, 2013, 38（4）：421-28. https://doi.org/10.1111/nbu.12063.

附 录

附录1 农作物名单

序号	中文名	常用英文名	学名	分类
1	稻谷	rice	*Oryza sativa*	粮食类—谷物类
2	小麦	wheat	*Triticum aestivum*	粮食类—谷物类
3	玉米	corn，maize	*Zea mays*	粮食类—谷物类
4	谷子	foxtail millet	*Setaria italica*	粮食类—谷物类
5	大麦	barley	*Hordeum vulgare*	粮食类—谷物类
6	燕麦	oat	*Avena sativa*	粮食类—谷物类
7	高粱	sorghum	*Sorghum bicolor*	粮食类—谷物类
8	糜子	proso millet	*Panicum miliaceum*	粮食类—谷物类
9	黍子	broomcorn millet	*Panicum miliaceum*	粮食类—谷物类
10	荞麦	buckwheat	*Fagopyrum esculentum*	粮食类—谷物类
11	青稞	highland barley	*Hordeum vulgare* var. *coeleste*	粮食类—谷物类
12	大豆	soybean	*Glycine max*	粮食类—豆类
13	蚕豆	faba bean	*Vicia faba*	粮食类—豆类
14	绿豆	mung bean	*Vigna radiata*	粮食类—豆类
15	红小豆	adzuki bean	*Vigna angularis*	粮食类—豆类
16	马铃薯	potato	*Solanum tuberosum*	粮食类—薯类
17	甘薯	sweet potato	*Ipomoea batatas*	粮食类—薯类
18	油菜籽	rapeseed	*Brassica napus*	草本油料作物
19	花生	peanut	*Arachis hypogaea*	草本油料作物
20	葵花籽	sunflower	*Helianthus annuus*	草本油料作物
21	芝麻	sesame	*Sesamum indicum*	草本油料作物
22	胡麻（亚麻）	flax	*Linum usitatissimum*	草本油料作物
23	蓖麻	castor oil plant	*Ricinus communis*	草本油料作物
24	苎麻	ramie	*Boehmeria nivea*	草本油料作物
25	油莎豆	tigernut	*Cyperus esculeutus* var. *sativus*	草本油料作物
26	棉花籽	cotton seed	*Gossypium herbaceum*	草本油料作物
27	文冠果	yellowhorn	*Xanthoceras sorbifolium*	草本油料作物
28	鹰嘴豆	chickpea	*Cicer arietinum*	草本油料作物
29	椰子	coconut	*Cocos nucifera*	木本油料作物
30	核桃	walnut	*Juglans regia*	木本油料作物

续表

序号	中文名	常用英文名	学名	分类
31	山核桃	carya cathayensis	*Carya cathayensis*	木本油料作物
32	（甜、苦）杏仁	apricot kernel（sweet，bitter）	*Amygdaluscommunis* var. *dulcis*，*Mygdaluscommunis* var. *amara*	木本油料作物
33	油茶籽	tea tree seed	*Camellia oleifera*	木本油料作物
34	油橄榄	olive oil	*Olea europaea*	木本油料作物
35	银杏	ginkgo	*Ginkgo biloba*	木本油料作物
36	板栗	Chinese chestnut	*Castanea mollissima*	木本油料作物
37	甘蔗	sugar cane	*Saccharum officinarum*	糖料作物
38	甜菜	sugar beet	*Beta vulgaris*	糖料作物
39	山药	yam	*Dioscorea opposite*	糖料作物
40	苹果	apple	*Malus pumila*	水果
41	柑橘	citrus	*Citrus reticulata*	水果
42	梨	pear	*Pyrus communis*	水果
43	葡萄	grape	*Vitis vinifera*	水果
44	香蕉	banana	*Musa* sp.	水果
45	沙棘	sea buckthorn	*Hippophae rhamnoides*	水果
46	烤烟	flue-cured tobacco	*Nicotiana tabacum*	其他特色作物
47	桑蚕茧	silkworm cocoon	*Bombyx mori*	其他特色作物
48	茶叶	tea	*Camellia sinensis*	其他特色作物

附录 2　微生物名单

序号	中文名	常用英文名	学名
1	香菇	shiitake mushroom	*Lentinula edodes*
2	黑木耳	black agaric	*Auricularia auricula*
3	平菇	oyster mushroom	*Pleurotus ostreatus*
4	毛木耳	black fungus	*Auricularia polytricha*
5	金针菇	enoki	*Flammulina velutipe*
6	双孢蘑菇	button mushroom	*Agaricus bisporus*
7	杏鲍菇	king oyster mushroom	*Pleurotus eryngii*
8	茶树菇	tea tree mushroom	*Cyclocybe aegerita*
9	秀珍菇	pocket-sized oyster	*Pleurotus geesterani*
10	滑菇	pholiota nameko	*Pholiota microspora*
11	真姬菇	white beech mushroom/buna shimeji	*Hypsizygus marmoreus*
12	银耳	white fungus	*Tremella fuciformis*
13	凤尾菇	phoenix tail mushroom	*Pleurotus pulmonarius*
14	大球盖菇/皱环球盖菇		*Stropharia rugosoannulata*
15	猴头菇		*Hericium erinaceus*
16	羊肚菌	morels mushroom	*Morchella esculenta*
17	美味牛肝菌	edulis	*Boletus edulis*
18	美味红菇		*Russla delica*
19	白灵菇	ferule mushroom	*Pleurotus nebrodensis*
20	毛栓孔菌		*Trametes hirsuta*
21	毛虫药用菌		*Cordyceps militaris*
22	间型脉孢菇		*Neurospora intermedia*
23	东方栓孔菌		*Trametes orientalis*
24	纯黄白鬼伞		*Leucocoprinus birnbaumii*
25	蟹味菇	white beech mushroom	*Hypsizygus marmoreus*
26	鸡腿菇	shaggy mane	*coprinus comatus*
27	榆黄蘑		*Pleurotus citrinopileatus*
28	灵芝		*Ganoderma lucidum*
29	松茸		*Tricholoma matsutake*
30	竹荪		*Dictyophora indusiata*

续表

序号	中文名	常用英文名	学名
31	草菇		*Volvariella volvacea*
32	正红菇		*Russula vinosa*
33	黑曲霉		*Aspergillus niger*
34	米曲霉		*Aspergillus oryzae*
35	米根酶		*Rhizopus oryzae*
36	镰刀菌		*Fusarium venenatum*
37	钝顶节螺旋藻	spirulina	*Arthrospira platensis*
38	极大节螺旋藻	spirulina	*Arthrospira maxima*
39	蛋白核小球藻	chlorella	*Auxenochlorella pyrenoidosa*
40	盐生杜氏藻		*Dunalialla salina*
41	莱茵衣藻		*Chlamydomonas reinhardtii*
42	纤细裸藻		*Euglena gracilis*
43	湖泊红球藻		*Haematococcus lacustris*
44	迦得拟微球藻		*Nannochloropsissp gaditana*
45	裂殖壶菌		*Schizochytrium*
46	吾肯氏菌		*Ulkenia*
47	球状念珠藻	nostoc	*Nostoc sphaeroides*
48	寇氏隐甲藻		*Crypthecodinium cohnii*
49	酿酒酵母	brewer's yeast	*Saccharomyces cerevisiae*
50	产朊假丝酵母		*Candida utilis*
51	异常汉逊酵母		*Hansenula anomala*
52	克鲁维毕赤酵母		*Pichia kudriazevii*

附录3 几种单细胞蛋白特性深入比较

项目	霉菌	食用菌	酵母菌	微藻
年产量	—	4 200万吨	44.6万吨	1万~2万吨
生长周期	7~15天	子实体：1~5个月不等 菌丝体：7~15天	8小时左右进入对数生长期，24~30小时达到最高值	5天左右进入对数生长期
蛋白含量	30%~50%	10%~45%	50%~70%	40%~60%
培养基	农作物副产品、废弃物，如豌豆和马铃薯副产品等	草腐型：秸秆、玉米秆和麸皮 木腐型：木屑、棉籽壳等	糖蜜（甘蔗、甜菜的副产品，糖蜜含有50%左右糖分）	异养和混养的生长需要添加糖类、醋酸盐和有机酸等有机碳源，自养则需要补加二氧化碳
规模化品种	黑曲霉	香菇、糙皮侧耳、金针菇、双孢蘑菇等	酿酒酵母	螺旋藻、小球藻、盐生杜氏藻等
主要应用	可作为细胞工厂应用于发酵食品、饲料、制药等。主要产品为工业酶制剂、奶酪、酱油、味噌、天贝和发酵豆腐等	用于食品、药材、保健食品等。食品中大部分直接作为食品消费，加工产品有干制、盐渍、罐头、速冻等	广泛应用于食品加工、动植物和微生物营养、保健品和化妆品生产等领域。酵母产品分为干酵母、酵母抽提物、酵母浸出物、酵母培养物、酵母水解物等，下游应用包括烘焙面食、酒精酿造、调味料等多个领域	广泛应用于水产养殖、营养保健品、药用化妆品、转基因药物、生物能源、环境净化、太空站等领域。主要产品为藻粉、DHA藻油
优势	愉悦的口感和天然的纤维状结构；所需基础设施资本较低；可利用的营养物质来源丰富；高细胞外蛋白分泌能力可能成为另一种蛋白质生产途径	品种多样，有着悠久的食用历史，可能会避开监管限制；消费者对其接受度很高；口感很好，有着天然的纤维状结构；建设基础设施的资金需求不高；原料来源种类繁多	已通过酵母蛋白的新食品原料审批；产率高、生长率快，蛋白含量高；是研究充分的蛋白表达系统，可以考虑提供结合生物质与精密发酵的解决方案	自养模式可以吸收大气中的二氧化碳，减缓全球气候变化；含有丰富的天然色素和鱼腥味，适合作为替代海鲜的原料；富含多不饱和脂肪酸、虾青素等天然营养成分，可作为优质天然保健食品替代品；蛋白含量高，粗蛋白可达70%，即使测定方法不准确，至少也可达50%；潜在毒性较小
限制性因素	霉菌中有很多毒性物质，有食品安全隐患，因此，可能审批过程中会有困难。霉菌用于食品加工中的特性尚未知晓	蛋白含量偏低，子实体收获期长	主要培养基原料仅限于甘蔗和甜菜，这些原料生产周期长，季节性明显，严重影响了酵母生产行业的盈利能力。此外，上游企业容易形成垄断。此外，苦味和浓郁的味道可能会影响消费者接受度	自养式培养生物反应器的成本和运营费用较高，需要对微藻培养方式、光生物反应器设计等生物过程进行进一步优化。需要探索影响微藻生长的各种因素，但技术难度相对较大，目前规模化养殖尚不成熟。此外，微藻具有腥味，自养模式生长速度较慢，效率低

附录 4　附加参考文献

产业链相关	
中国统计年鉴	前瞻经济学人
FAO 数据库	中研网
海关总署统计数据在线查询平台	商界·川渝经济
联合国贸易商品统计数据库 UN Comtrade	陇南日报
中国统计年鉴	甘肃经济广播
农业农村部	农民日报社
"十四五"全国种植业发展规划	经济参考网
国家林业和草原局	河南中兴粮油机械有限公司
中国林业和草原统计年鉴 2021	中国社会科学网
中国食用菌协会数据库	天天查 TTC110
中国食用菌年鉴	Data
农小蜂：2022 年中国食用菌产业数据分析报告	杭州网
2020 年中国茶叶企业现状与茶叶产销数据报告	中国食品报
中国农业产业化龙头企业协会	新华网
中国糖业协会	青海省人民政府
内蒙古自治区向日葵协会	人民融媒体
山西师范大学科技部	金融界 JRJ
西北农林科技大学农学院	共研网
美国农业部 USDA	新疆日报
新赛股份 Sayram	中国烟草
华经产业研究	中国经营网
布瑞克农业数据 Bric	中国农村网
中泰证券	华经情报网
普华永道	粮信网
智研咨询	食价搜
农小蜂智库	

油茶籽相关

张立伟，王辽卫．我国油茶产业的发展现状与展望[J]．中国油脂，2021，46（6）：5．

魏冰，李红霞，孟橘，等．油茶籽油质量安全生产技术规范的探讨[J]．中国油脂，2022，47（8）：5．

赖鹏英，肖志红，李培旺，等．油茶资源利用及产业发展现状[J]．生物质化学工程，2021，55（1）：8．

方学智，杜孟浩．我国油茶加工的现状及发展建议[J]．中国农村科技，2022（11）：51-53．

余红军．油茶籽壳多糖、原花青素的综合提取及其分离纯化[D]．合肥：安徽农业大学，2011．

刘金，张立钊，陈力力等．油茶籽壳的活性成分及提取方法研究进展[J]．食品工业，2018，39（9）：273-276．

刘楚岑，裴小芳，周文化，等．油茶饼粕中主要成分及其综合利用研究进展[J]．食品与机械，2020，36（7）：227-232．

陈沛均，胡传双，涂登云，等．油茶果壳综合利用进展与展望[J]．林产工业，2021，58（5）：60-64．

莫燕婷，曹清明，王薇薇，等．油茶籽粕茶皂素脱毒技术及综合利用的研究进展[J/OL]．饲料工业，2023，44（15）：106-112．

油橄榄相关

张正武．橄榄油价值链及国内外价格形成机制比较研究[J]．中国林业经济，2019（4）：79-85．

安玉仙．湖北省木本油料产业链高质量发展研究[D]．武汉：湖北省社会科学院，2022．

王志宏．油橄榄果渣多酚活性物制备及其生物活性研究[D]．北京：中国林业科学研究院，2018．

孙俊峰，苏春江，朱万泽．餐用油橄榄栽培采收及其产品开发现状与趋势[J]．江苏农业科学，2018，46（15）：13-18．

邓煜，刘婷．餐用油橄榄果加工工艺研究进展[J]．经济林研究，2018，36（3）：5-11．

刘娜，白万明，韩锐，等．橄榄油加工废弃物中的活性成分及其综合利用技术研究进展[J]．中国油脂，2016，41（5）：84-88．

周巧，王元清，李莎，等．油橄榄果渣综合利用研究进展[J]．食品与发酵工业，2023，49（4）：345-352．

郝琴．油橄榄果渣综合利用及减量化的实验研究[D]．兰州：兰州理工大学，2020．

冉志文，邢巧，皮汶灵，等．油橄榄果渣的化学成分及功效研究进展[J]．粮食加工，2022，47（6）：29-33．

李富松．木本油料副产物土壤改良剂制备与应用[D]．西安：西北大学，2022．

油莎豆相关

曹秭琦，任永峰，路战远，等．油莎豆的特性及其开发利用研究进展[J]．内蒙古农业科技，2022（1）：50．

王瑞元．我国葵花籽油产业现状及发展前景[J]．中国油脂，2020，45（3）：1-3．

葵花籽相关

王鑫．巴彦淖尔市向日葵产业发展问题研究[D]．天津：天津农学院，2021．

张雯丽．中国特色油料产业高质量发展思路与对策[J]．中国油料作物学报，2020，42（2）：167-174．

孙国昊，刘玉兰，李锦，等．脱壳炒籽压榨对浓香葵花籽油风味的影响[J]．中国油脂，2020，45（4）：32-40．

葵花油市场需求旺盛 葵花产业发展前景广阔[J]．农村新技术，2019（10）：47．

张佳，王园，安晓萍，等．向日葵副产物的营养特性及在反刍动物中的应用[J]．中国畜牧兽医，2021，48（3）：916-924．

杨荣，王华朗，宋增廷．葵花籽粕的营养价值及其综合利用[J]．广东饲料，2020，29（9）：37-40．

乔砥，敬思群，岳海涛．葵花籽粕蛋白制备及其功能性质分析[J]．粮食与油脂，2018，31（9）：34-39．

山核桃相关

邓杨勇，高军龙. 山核桃产业发展现状及对策 [J]. 现代农业科技，2020（8）：91-92.

王洁. 介绍两种山核桃采收脱蒲装备 [J]. 新农村，2019（8）：36.

张金云. 山核桃外果皮化感物质及其除草活性的改进 [D]. 乌鲁木齐：新疆农业大学，2017.

张贝贝，刘文洪，李俊峰，等. 山核桃加工废水的成分测定与分析 [J]. 环境工程学报，2016，10（1）：150-156.

郭宜，汪卿卿，吴峰华，等. 山核桃饼粕蛋白的酶辅助碱法提取工艺优化 [J]. 粮食与油脂，2023，36（5）：129-134.

板栗相关

易善军. 我国板栗产业发展现状及策略 [J]. 西部林业科学，2017，46（5）：132-149.

李秀红，吕平会. 板栗苞理化性质与综合利用研究进展 [J]. 安徽农业科学，2015，43（1）：3.

林云，晏绍良，方洪元，等. 板栗综合利用研究进展 [J]. 湖北林业科技，2023，52（1）：6.

核桃相关

曹亚龙. 新时期我国核桃产业发展现状、问题及对策 [D]. 郑州：河南农业大学，2022.

云建军. 西北地区核桃青皮市场应用价值与配套加工工艺的优化设计 [J]. 绿色科技，2021，23（13）：129-130，135.

郭蔓莉，吴澎，赵路苹，等. 核桃加工副产物的综合利用及精深加工 [J]. 粮油食品科技，2018，26（2）：25-29.

青稞相关

张倩芳，李敏，栗红瑜，等. 不同预处理方式对青稞麸皮营养成分和理化性质的影响 [J]. 农产品加工，2021，536（18）：25-28.

赵萌萌，张文刚，党斌，等. 超微粉碎对青稞麸皮粉多酚组成及抗氧化活性的影响 [J]. 农业工程学报，2020，36（15）：291-298.

谷子、黍子、糜子相关

曲佳佳. 中国杂粮供求研究 [D]. 北京：中国农业科学院，2021.DOI：10.27630/d.cnki.gznky.2021.000493.

侯磊，南芝润，董新玲，等. 小米谷糠营养特性及开发利用研究进展 [J]. 山西农业科学，2020（12）：48.

李顺国，刘斐，刘猛，等. 新时期中国谷子产业发展技术需求与展望 [J]. 农学学报，2018，8（6）：96-100.

曲佳佳. 中国杂粮供求研究 [D]. 北京：中国农业科学院，2021.DOI：10.27630/d.cnki.gznky.2021.000493.

吴园园，李敏，李娜，等. 我国糜子产业发展现状及对策建议 [J]. 河北农业科学，2020，24（6）：1-4.

程炳文，孙玉琴，杨军学，等. 糜子产业发展现状调研报告 [J]. 宁夏农林科技，2019，60（9）：13-15，48.

庞文渌. 新常态下我国杂粮加工产业发展思路的探讨 [J]. 粮食加工，2022，47（2）：6-8.

李银霞. 乳酸菌发酵对糜子米糠膳食纤维理化和功能性质的影响及其在糜子粉复配蛋糕中的应用 [D]. 杨凌：西北农林科技大学，2022.

甘薯相关

刘洋，余祖功，孔祥峰. 薯类加工副产物饲料化应用研究进展 [J]. 饲料工业，2023，44（7）：87-93.

马梦梅,木泰华,孙红男.营养健康型薯类食品加工与副产物高值化利用研发进展[J].食品安全质量检测学报,2020,11(24):10.

陆建珍,汪翔,秦建军,等.我国甘薯种植业时空布局分析及产业发展建议[J].天津农业科学,2020,26(3):53-62.

戴起伟,钮福祥,孙健,等.中国甘薯淀粉产业发展现状与前景展望[J].农业展望,2015(10):5.

师一璇,胡佳乐,李丽.甘薯的营养功能与加工利用研究进展[J].食品研究与开发,2022,43(11):205-211.

甜菜相关

卢秉福,吴艳玲,张文彬,等.甜菜制糖产业发展分析[J].农学学报,2019,9(6):82-86.

刘晓雪,邬志军,曹付珍.2020/21年榨季我国糖料产业发展特点、问题与2021/22年榨季发展趋势[J].甘蔗糖业,2022,51(3):82-90.

王健,陈花山,王宝,等.我国精炼糖厂发展现状、问题及对策[J].中国糖料,2020,42(3):73-80.

周艳丽,李晓威,刘娜,等.内蒙古甜菜制糖产业发展探析[J].中国糖料,2020,42(2):59-64.

陈文江,李海洋,尹成海,等.新疆甜菜制糖产业发展现状[J].现代食品,2021(17):47-49.

卢秉福,吴艳玲,张文彬,等.甜菜制糖产业发展分析[J].农学学报,2019,9(6):82-86.

杨春涛,屠焰,刁其玉.经济作物副产物饲用价值提升及在牛羊饲粮中的应用[J].动物营养学报,2022,34(10):6314-6326.

杨云东,王倩,张佳婵,等.糖蜜及其发酵制品的应用研究进展[J].食品工业,2020,41(3):232-236.

王小彬,闫湘,李秀英,等.糖蜜发酵工业废液农用的环境安全风险[J].中国农业科学,2023,56(3):490-507.

赖霞,宫玥,吴天佑,等.糖蜜的营养成分与功能及其在奶牛生产上的应用[J].上海畜牧兽医通讯,2022,242(4):54-59.

刘芷妍,李佳娜,唐燕凤.制糖副产品价格及销售模式的趋势分析[J].广西糖业,2021(4):45-50.

罗振福,贺建华,谭碧娥.甜菜粕的资源化利用及其在猪营养中的应用[J].家畜生态学报,2020,41(1):81-85.

李红侠,吴则东,兴旺.甜菜粕生产部分高附加值产品的研究进展[J].中国糖料,2019,41(2):71-76.

穆淑琴.常见非粮型饲料资源的种类及营养价值[J].猪业科学,2019,36(7):40-43,4.

胡素雅.中国甜菜糖产业国际竞争力研究[D].哈尔滨:黑龙江大学,2019.

致　谢

Asymmetrics Research 非常研究所
协助收集可行性相关资料、分析并协助建立了综合利用分析的方法，尤其是在建立打分机制和经济可行性的分析上起到了至关重要的作用。

冯佰利
小宗粮豆专家，为报告谷子部分提供了宝贵的信息。

刘艳芳
食用菌专家，为报告食用菌部分提供了宝贵的信息和修改意见。

魏东
微藻专家，为报告微藻部分提供了宝贵的信息和修改意见。

张晨
叶蛋白专家，为报告茶叶部分提供了宝贵的信息和修改意见。

此外，感谢陈启和、程须珍、邓乾春、姜晓明、王建林、王家祥、谭晓风、冯文煦等众多业内专家学者对本报告提出的宝贵见解。感谢谷孚团队陈锦慧、胡泉、姜逸男、冷锦萱、莫春英等同事的大力协助（排名不分先后）。

特别鸣谢天人文化提供的相关支持。

免 责 声 明

《中国新蛋白资源分析报告 2023》版权属于谷孚 GFIC，并保留所有权利。如用于研究或者非营利性目的宣传教育活动，在申明资料来源的前提下，可以不经版权所有者的特别许可使用本报告中的内容。未经谷孚书面同意，本报告不得出售或用作其他商业目的，任何个人和组织机构不得对文件的任何部分进行复制、出版。

本报告所载数据和观点仅反映谷孚于发出此报告日期当日的判断，供参考之用。谷孚尽力提供准确、完整及适时的信息，但不作任何保证。所列的部分产品信息及图片基于公开信息，谷孚对此不承担任何保证责任。在任何情况下，本报告中的信息或表述均不构成任何投资等建议，谷孚对该报告的数据和观点不承担法律责任。谷孚对本报告所载信息，可在不发出通知的情形下做出修改，读者应自行关注。

本报告所发布的信息及表达的意见不涉及商业广告，所列产品仅根据报告相关性选择的案例研究。

本报告所含全部内容的版权归谷孚所有或许可使用，未经事先许可，任何人不得以任何方式或方法修改、翻版、分发、复制、转载、发表、许可或仿制此报告。

谷孚对以上条款享有最终解释权 2024/04 最终版

谷孚（GFIC）是一个专注于新蛋白产业发展与合作的机构，通过产品研发、战略咨询、数据分析等技术和资源，帮助学术机构、科研人员、企业和投资方提供解决方案。

新蛋白三大支柱

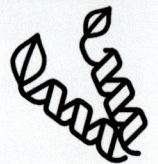 植物蛋白加工

 动物细胞培养

 微生物发酵

愿景

在全球背景下寻找并推广高效、安全、可持续的蛋白食品，推动产业变革，构建未来蛋白食品体系的价值图谱。

目标使命

联合科研力量、企业、组织及投资方，利用替代蛋白（新蛋白）在食品安全、高效补给、环境生态与资源可持续性方面的优势，在全球范围内共同寻找并完善积极的蛋白食品解决方案，持续深入推进新蛋白产业在中国国内的发展与合作。

工作方向和重点

 **助力科研**

支持科研项目落地，为其对接资源、提供科普指导。帮助学术机构和科研人员赋能，促成产学研结合并加速商业化。

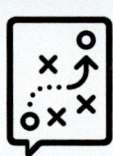 **战略咨询**

谷孚依据大量的调研数据和专家分析，向不同领域和阶段的需求方提供工具及咨询服务，帮助其在中国市场开展业务。

 **链接国内外资源**

对接平台、渠道及供应链等资源，协助实现投资、研究和市场目标，为国内外参与者提供本土落地的可行性方案。

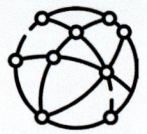 **行业布局**

积极举办行业研讨，构建产业生态圈，储备人才库和数据库，搭建人才、企业、行业之间的桥梁。

in GFICONSULTANCY

✉ INFO@GFICONSULTANCY.COM

🌐 WWW.GFICONSULTANCY.COM